Bettina von Troschke | Bernhard Haas

Vertriebscoaching

Von der Führungskraft zum Coach

GABLER

Bibliografische Information der Deutschen Nationalbibliothek
Die Deutsche Nationalbibliothek verzeichnet diese Publikation in der
Deutschen Nationalbibliografie; detaillierte bibliografische Daten sind im Internet
über <http://dnb.d-nb.de> abrufbar.

1. Auflage 2009

Alle Rechte vorbehalten
© Gabler | GWV Fachverlage GmbH, Wiesbaden 2009

Lektorat: Barbara Möller

Gabler ist Teil der Fachverlagsgruppe Springer Science+Business Media.
www.gabler.de

Umschlaggestaltung: Nina Faber de.sign, Wiesbaden
Satz: Fotosatzservice Köhler, Würzburg
Druck und buchbinderische Verarbeitung: Krips b.v., Meppel
Gedruckt auf säurefreiem und chlorfrei gebleichtem Papier
Printed in the Netherlands

ISBN 978-3-8349-0765-3

Für Andrea und Alexander
und
Helga, Winfried, Margarete,
Herbert, Anni und Regina

Vorwort

Die raschen Marktveränderungen und der steigende Wettbewerbsdruck führen zu erhöhten Anforderungen an die Beratungs- und Vertriebskompetenz der Kundenberater und -betreuer. Deren Führungskräfte sind heute mehr denn je gefordert, in die Rolle des Coachs zu wechseln, um das Potenzial der Mitarbeiter gezielt zu fördern und weiterzuentwickeln. Vertriebscoaching als Führungsaufgabe wurde bisher eher stiefmütterlich behandelt. Dieses Buch will dazu beitragen, dass sich das ändert.

Denn Vertriebscoaching ist **der** Schlüssel, um erfolgreiche Verkäufer einerseits und zufriedene Kunden andererseits zu fördern. Nur wenn die Führungskraft am „Point of Sale" hautnah miterlebt, wie verkauft wird, kann sie sich ein Bild über die Qualität ihrer Vertriebsmitarbeiter machen und diese entsprechend unterstützen.

Dieses Buch richtet sich an Vertriebsleiter, Manager, Trainer und Verkäufer, denn nur gemeinsam können Sie erstklassigen Vertrieb zu Ihrem Markenzeichen im Unternehmen machen!

Sie erfahren zum einen, was Vertriebscoaching ist, welcher Nutzen und welche Ziele damit verbunden sind, und zum anderen, was es nicht ist und welche Anforderungen an Sie als Führungskraft in der Coachrolle gestellt werden. Wertschätzendes Feedback und die Bedeutung von Selbstbild – Fremdbild werden als wichtiger Grundstein für Coaching beschrieben. Doch Vertriebscoaching bedeutet mehr, es ist der gezielte Dialog mit dem Verkäufer.

Der Schwerpunkt des Buches liegt auf dem Coaching von Kundengesprächen. Neben einem Leitfaden für das Vorgespräch und das Coachinggespräch erhalten Sie konkrete Tipps für die Praxis. Ausführliche Fallbeispiele veranschaulichen die Thematik. Die Beispiele stammen aus unserer Coachingtätigkeit im Finanzdienstleistungsbereich und lassen sich gut auf andere Branchen übertragen. Nützliche Coachinginstrumente wie eine klare Zieldefinition, wirkungsvolle und weniger bekannte Fragetechniken, die Kunst des Spiegelns sowie eine klare Maßnahmenvereinbarung werden zunächst Ihren Coaching-Werkzeugkoffer füllen. Wer sich darin sicher fühlt, kann noch einen Schritt weitergehen und Coachingmethoden für Fortgeschrittene kennen lernen. Dazu zählen Geschichten und Metaphern, der Einsatz von Rollenspielen und Kurzinputs.

Für den Umgang mit schwierigen Situationen finden Sie zahlreiche konkrete Beispiele und Tipps. Zum Schluss steht die Umsetzung des Gelernten in die Praxis im Vordergrund. Wie können Sie am besten bei Ihren Mitarbeitern Coaching einführen? Welche Unterstützung benötigen Sie? Wie informieren Sie Ihre Mitarbeiter, und welche Fragen werden Ihnen häufig gestellt? Lösungsvorschläge zu den zahlreichen Übungen finden Sie ab Seite 167. Dort können Sie auch im Glossar die wichtigsten Begriffe nachschlagen.

Wenn Sie dieses Buch durchgearbeitet haben, steht Ihrem Erfolg als Vertriebscoach nichts mehr im Wege! Mit Vertriebscoaching erreichen Sie höhere Umsätze, mehr Kundenbindung, zufriedene und neue Kunden sowie erstklassige Vertriebsmitarbeiter, denen ihre Arbeit Spaß macht. Nutzen Sie diese Chance!

Bedanken möchten wir uns an dieser Stelle bei allen Teilnehmerinnen und Teilnehmern unserer Vertriebscoaching-Ausbildung und bei unseren Kunden, die uns als Coaches ihre Mitarbeiter anvertraut haben. Sie haben durch ihre wertvollen Anregungen diesem Buch viel Inspiration und Praxisnähe gegeben.

Viel Spaß beim Lesen und Erfolg bei der Umsetzung wünschen Ihnen

Bettina von Troschke und Bernhard Haas

Hinweis: Wir haben uns der leichteren Lesbarkeit halber für die herkömmliche Schreibweise in der männlichen Form entschieden. Gemeint sind aber immer Leserinnen und Leser gleichermaßen.

Inhalt

1. Vertriebscoaching – was ist das?

Exzellente Vertriebsmitarbeiter sind heute mehr denn je gefragt. Einerseits sind Kunden kritischer und selbstbewusster geworden, und andererseits herrscht durch die Informations- und Vergleichsmöglichkeiten im Internet eine hohe Transparenz. So weht den Unternehmen nicht nur in stürmischen Zeiten ein rauer Wind entgegen. Das Klima hat sich grundlegend gewandelt: Der gemütliche Verkauf von früher, der oft Verteilcharakter besaß, ist passé. Gerade bei beratungsintensiven Produkten wie Finanzdienstleistungen, komplexen Investitionsgütern, Immobilien oder medizinischen Produkten sind Kunden zu anspruchsvollen Gesprächspartnern auf Augenhöhe geworden.

Verkaufsleiter, die ihren Job ernst nehmen und ausfüllen wollen, haben deshalb die vorrangige Aufgabe, ihre Mitarbeiter zu echten Verkäufern zu entwickeln. Hierbei können sie zeigen, dass sie nicht der bessere Verkäufer sein wollen, sondern der beste Coach sind. Das leisten sie am besten durch individuelles Vertriebscoaching. Dadurch fördern sie bei ihren Mitarbeitern ein neues Selbstverständnis und die Fähigkeit, sich in die Kunden hineinzuversetzen, ihnen nutzenorientierte Angebote zu präsentieren und ihre Sprache zu sprechen.

In diesem Kapitel erfahren Verkaufsleiter, was Vertriebscoaching bedeutet, welche Grundsätze zu beachten sind und welchen Nutzen dieses Führungsinstrument ihnen und ihren Mitarbeitern bietet. Der Begriff „Coaching" löst viele Assoziationen und Missverständnisse aus, daher wird zunächst beschrieben, was es ist, und auch erklärt, was es *nicht* ist und welche Anforderungen eine Führungskraft als Vertriebscoach erfüllen sollte.

1.1 Definition und Grundsätze

Ein Profi weiß, was er noch lernen muss, um als Profi gesehen zu werden. Ein Amateur glaubt, schon alles zu wissen, ohne zu wissen, was er noch nicht weiß.

Den Begriff „Coach" kennen wir aus dem Sport. Dort betreut und begleitet der Coach einzelne Sportler oder eine Mannschaft. Er fördert, fordert, berät, trainiert und unterstützt. Wenn Sie Ihr Verständnis von Coaching auf den Vertrieb übertragen, wie lautet Ihre Definition von Vertriebscoaching?

Meine Definition von Vertriebscoaching lautet:

Aus dem Sport können wir schon einige **Grundregeln** ableiten:

1. Sportler ebenso wie gute Vertriebsmitarbeiter brauchen kontinuierliches, regelmäßiges Training und Coaching.

2. Sie steigern ihre Leistungen sukzessive, der Sieg, der neue Rekord, das „Wunder" passiert nicht von heute auf morgen, sondern ist Ergebnis von ständigem Training und Coaching.

3. Coaching funktioniert nur auf freiwilliger Basis, auch wenn es manchmal viel Energie und Überwindung kostet. Die Profis wissen, dass es ihnen nützt und sie dadurch noch erfolgreicher werden.

4. Ihr Coach entwickelt mit ihnen individuelle, positive Ziele und ein klares Zielfoto. Daran richtet sich ihr gemeinsamer Entwicklungs- und Coachingplan aus.

5. Der Coach steht am Spielfeldrand, beobachtet, feuert an, aber er greift nicht ins Spiel ein. Der Vertriebscoach ist bei Kundengesprächen dabei, aber er unterbricht nicht oder reißt die Beratung

an sich. Dies setzt Vertrauen in die Fähigkeiten des Mitarbeiters wie auch Wertschätzung voraus.

Coachingregel:

R- Regelmäßig

E- Evolutionär

G- Gewollt

E- Entwicklung auf positive Ziele

L- Leistung ohne Einmischung

(v. Troschke, Grenzen des Coaching durch Führungskräfte/Personal, 503)

Fragen wir Führungskräfte in unseren Seminaren nach ihrer Definition von Vertriebscoaching, so erhalten wir folgende Antworten:

Vertriebscoaching bedeutet ...

▶ Hilfe zur Selbsthilfe

▶ Standortbestimmung

▶ Begleitung zum Erfolg

▶ Dauerhafter Entwicklungsprozess

▶ Motivation

▶ Weiterentwicklung

▶ Stärken stärken, Schwächen schwächen

▶ Verhalten bewusst machen

▶ Konstruktive Kritik und Anerkennung

▶ Personalentwicklung

▶ Situatives Führen

▶ Vertrauen schaffen und in den Verkäufer haben

▶ Probleme erkennen, Lösungsansätze finden

▶ Lust auf Erfolg vermitteln

▶ Erkenntnisse fördern

▶ Lernen zu lernen

▶ Führung zur Eigenmotivation

▶ Maßnahmen zusammen erarbeiten und verfolgen

Diese zahlreichen Teilaspekte zeigen, dass Vertriebscoaching eine umfassende und herausfordernde Aufgabe für Führungskräfte darstellt.

Definition von Vertriebscoaching

Durch Vertriebscoaching wird ein gewollter positiver Entwicklungsprozess initiiert und gefördert. Es basiert auf der gemeinsamen Analyse von Kundengesprächen. Der Coach unterstützt den Verkäufer, seine Fähigkeiten im Verkauf weiterzuentwickeln und Schwierigkeiten selbstständig zu meistern.

Grundsätze für ein erfolgreiches Vertriebscoaching

1. Voraussetzung für erfolgreiches Coaching ist ein Vertrauensverhältnis zwischen Coach und Coachee.

2. Coaching ist ein Prozess. Das bedeutet, Coaching sollte systematisch, gezielt, geplant und über einen längeren Zeitraum hinweg stattfinden.

3. Coaching besteht aus drei Phasen: Vorgespräch – Kundengespräch – Coachinggespräch.

4. Beim Kundengespräch hält sich der Coach zurück – er beobachtet und macht sich Notizen.

5. Im Mittelpunkt von Coaching steht sowohl das verkäuferische, kommunikative und fachliche Verhalten des Verkäufers als auch seine mentale Fitness im Kundengespräch.

6. Feedback ist die Grundlage für Coaching. Doch es ist mehr: Der Coach führt mit dem Coachee einen offenen und konstruktiven Dialog.

7. Der Coach ist kein Besserwisser und „Rat-Schläger" – er entwickelt gemeinsam mit dem Coachee Lösungen zum besseren Vorgehen.

Ratschläge sind auch Schläge!

14

1.2 Nutzen und Ziele

Ich lernte und vergaß.
Ich sah und erinnerte.
Ich tat und verstand.
(Laotse)

Als Vertriebscoach haben Sie folgenden Nutzen:

1. Verbesserter Transfer der Verkaufsausbildung in die Praxis
2. Erhöhung der Sensibilität für den Verkaufsprozess und das eigene Verhalten
3. Verbesserung der Kommunikation und Zusammenarbeit zwischen Vertriebsleiter und Mitarbeiter
4. Kontinuierliche Verbesserung der Verkäuferkompetenz
5. Stressabbau und bessere Bewältigung von schwierigen Kundensituationen
6. Mitarbeiterförderung: verkäuferisch, kundenorientiert, kommunikativ und fachlich
7. Umsatz- und Ertragssteigerung

Betrachten wir den jeweiligen Nutzen im Folgenden genauer.

1. Verbesserter Transfer der Verkaufsausbildung in die Praxis

Unternehmen investieren viel Geld in die Auswahl und Ausbildung von intelligenten, fachlich versierten und sozial kompetenten Verkäufern.

Doch was im Seminar wunderbar funktionierte, lässt sich in der Praxis manchmal nur schwer umsetzen.

Woran liegt das?

▶ Unsere Veränderungsbereitschaft ist unterschiedlich hoch ausgeprägt. Viele Menschen sind vorsichtig, skeptisch gegenüber Neuem und wollen keine Fehler machen. Daher kehren sie schnell auf ihr bekanntes und wohl vertrautes Terrain zurück.

▶ Viele erkennen den Nutzen nicht und rebellieren innerlich gegen ständig neue Methoden und Vorgaben, die sich vermeintlich weltfremde Trainer und Chefs einfallen lassen.

▶ Einige haben das Gefühl, ihnen werde etwas übergestülpt, bei dem sie ihre Persönlichkeit verbiegen müssten. Ihre Grundsätze und ihr Wertesystem werden nicht berücksichtigt.

▶ Einige sind positiv gegenüber Neuem eingestellt, probieren neue Anregungen und Tipps aus, fallen damit bei ersten Gehversuchen auf die Nase und kehren reumütig zu ihrer alten Vorgehensweise zurück.

▶ Vertriebsleiter kommen immer wieder zu dem Schluss, sie hätten so viel in ihre Mitarbeiter investiert, aber diese seien einfach veränderungsresistent.

▶ Es gibt einen Weg, die Brücke zwischen Theorie und Praxis zu schlagen und kontinuierlich die vertrieblichen Fähigkeiten Ihrer Mitarbeiter zu fördern: Vertriebscoaching.

Durch ihre Coachinggespräche kann die Führungskraft ...

... ermutigen und Skepsis abbauen.

... den Nutzen und die Vorteile für den Verkäufer herausarbeiten.

... Einstellungen und Werte seines Coachees mit einbeziehen.

... neue Gesprächstechniken wohl dosiert anwenden und dadurch Erfolgserlebnisse fördern.

©Istock.com/Holger Mette

Abbildung 1: Vertriebscoaching als Brücke zwischen Seminar und Praxis

2. Erhöhung der Sensibilität für den Verkaufsprozess und das eigene Verhalten

Durch die Vorbereitung vor dem Kundengespräch und die anschließende Reflexion steigt die Wahrnehmungsfähigkeit des Verkäufers im Hinblick auf alle Phasen des Gesprächs, die Wünsche und Signale des Kunden. Dadurch, dass der Coach das Gespräch miterlebt, können beide ihre Eindrücke austauschen, und der Verkäufer erkennt aus der distanzierten Analyse, welche Verhaltensweisen positiv und welche negativ gewirkt haben. Häufig führen Vor- und Nachgespräch zu vielen neuen Ideen und alternativen Vorgehensweisen. Damit wird nicht nur das Fingerspitzengefühl, sondern auch die Flexibilität des Verkäufers gefördert.

Beispiel

Einem Autoverkäufer wurde durch das Vertriebscoaching bewusst, dass er im Kundengespräch immer wieder bestimmte Floskeln gebrauchte, wie „wie Sie ja sicherlich wissen", „bestimmt kennen Sie schon ...", die dem Kunden das Gefühl gaben, er sei dumm, wenn er es nicht wüsste. Als ihm der Coach diese Formulierungen spiegelte und ihn fragte, wie es auf ihn wirke, musste der Verkäufer unwillkürlich schmunzeln. Aus der Distanz betrachtet, erkannte er die Wirkung, konnte diese Formulierungen künftig aus seinem Repertoire streichen und stattdessen mehr Fragen stellen.

3. Verbesserung der Kommunikation und Zusammenarbeit zwischen Vertriebsleiter und Mitarbeiter

Regelmäßiges Vertriebscoaching führt zu einem besseren Verständnis zwischen Coach und Coachee. Denn beide lernen sich durch diesen Prozess intensiver kennen, und oft verbessert sich der Ton in Richtung zu mehr Partnerschaftlichkeit wie auch die Bereitschaft, eigene Ideen einzubringen. So berichtete ein Vertriebscoach: „Neulich kam mein Mitarbeiter mit einer neuen Checkliste. Im Nachgang zu unserem Coaching wollte er ein besseres Arbeitsinstrument für sich entwickeln. Diese Checkliste war so gut, dass sie jetzt auch alle seine Kollegen nutzen."

4. Kontinuierliche Verbesserung der Verkäuferkompetenz

In den mit dem Coaching verbundenen Einzelgesprächen zwischen dem Mitarbeiter und seinem Coach gibt es mehr und intensivere Erlebnisse, die den Lern- und Veränderungsprozess beschleunigen und so ein Gefühl des stetigen Besserwerdens vermitteln. Anhand klarer Ziele und Maßnahmen können von Mal zu Mal die Fort- und Rückschritte deutlich gemacht werden. Entsprechend können die nächsten Etappen geplant und das Tempo angeglichen werden.

Spätestens wenn ein Mitarbeiter zu Ihnen kommt und von sich aus fragt, wann Sie denn das nächste Coaching mit ihm machen, wissen Sie, dass Sie sein Vertrauen gewonnen haben und er davon wirklich profitiert. Umgekehrt betonen auch die Vertriebscoachs, wie viel sie selbst als Coachs dazulernen.

5. Stressabbau und bessere Bewältigung von schwierigen Kundensituationen

Der Wert von guten Vorgesprächen liegt vor allem im Stressabbau. Wenn ein Verkäufer weiß, dass gleich ein aus seiner Sicht schwieriger Kunde kommt, kann sein Coach diese Situation mit ihm vorbereiten und mögliche Handlungsalternativen besprechen oder durchspielen.

Hier bewahrheitet sich wieder:

Vorbereitung ist die halbe Miete –

Spontaneität und Flexibilität sind die andere Hälfte.

Oder: Spontaneität muss verdammt gut geplant sein!

Denn wer sich gut vorbereitet fühlt, baut weniger Stresshormone auf, die sein Denken blockieren; er kann daher situativ besser reagieren. Stressbedingt haben wir oft keinen Zugang zu unseren Ressourcen.

Auch wenn der Coach sich bei Kundengesprächen zurückhält und nicht einmischt, wird er oft allein durch seine Präsenz als Unterstützung erlebt. Im nachfolgenden Coaching kann er zunächst als Katalysator fungieren (siehe auch Abschnitt 6.4), sollte das Gespräch trotz guter Vorbereitung schwierig verlaufen sein. Danach können beide das Gespräch gemeinsam konstruktiv aufbereiten.

6. Mitarbeiterförderung: verkäuferisch, kundenorientiert, kommunikativ und fachlich

Vertriebscoaching bietet Ihnen eine große Bandbreite an Fördermöglichkeiten. Sie können während des Coaching auf die einzelnen Verkaufsphasen eingehen – von der Gesprächseröffnung über die Bedarfsanalyse, Nutzenargumentation, Einwandbehandlung, Kaufsignalerkennung und Abschluss. Sie können sowohl Aspekte der Kundenorientierung beleuchten, wie zum Beispiel Freundlichkeit, Interesse am Kunden, Eingehen auf seine Wünsche, als auch die kommunikative Kompetenz weiter entwickeln, indem Sie Körpersprache von Berater und Kunden, bestimmte sprachliche Marotten, die Fragetechnik und das aktive Zuhören thematisieren. Schließlich sind auch erkannte fachliche Defizite Gegenstand von Coachinggesprächen (siehe Abschnitt 5.3).

Als Coach müssen Sie Ihrem Coachee nicht unbedingt fachlich ebenbürtig sein. Vorgesetzte können bei dem explosiven Wissenswachstum heutzutage nicht mehr so spezialisiert sein wie ihre Mitarbeiter. Es kann sogar von Vorteil sein, wenn Sie nicht in Versuchung kommen, dem Mitarbeiter Ihre Lösungen „aufzudrücken". Viele Coachs sind sehr erfolgreich in ihrer Arbeit, auch wenn sie von der fachlichen Materie nicht so viel verstehen wie ihre Coachees.

7. Umsatz- und Ertragssteigerung

Sie ahnen es sicher schon: Coaching kostet Zeit. Aber es ist gut investierte Zeit: Denn durch Vertriebscoaching erreichen Sie mehr vertriebliche Verantwortung, eine klare Zielfokussierung, erfolgreichere Gespräche, mehr Abschlussorientierung und damit in der Summe mehr vertrieblichen Erfolg. Ein Filialleiter brachte es auf den Punkt: „Ich kann meine Mitarbeiter jetzt viel besser einschätzen, und es macht Spaß, ihre gestiegenen Verkaufszahlen zu sehen!"

Abbildung 2: Coaching ist keine Einbahnstraße, Ihr Investment kommt vielfältig zurück.

Fazit:

Mit Vertriebscoaching etablieren Sie ein wertvolles und effektives Verkaufssteuerungs- und Personalentwicklungsinstrument in Ihrem Unternehmen.

1.3 Was ist Vertriebscoaching nicht?

„Lass' mich dir helfen", sagte der Affe und setzte den Fisch auf einen Baum ...

Eine der großen „Verführungen" für den Vertriebscoach ist, dass er sich durch seine Rolle berufen fühlt, sein „Helfersyndrom" auszuleben. Aber Coaching geht nicht von der Grundhaltung aus, „Ich helfe Ihnen", sondern: „Sie erarbeiten die Lösung, ich unterstütze Sie dabei."

Nichts ist wirksamer und akzeptierter als selbst entwickelte Lösungen, für die der Coach eine Art „Steigbügelhalter" oder Katalysator war, nicht mehr.

Coaching ist nicht ...

▶ Allheilmittel
▶ Überwachung
▶ Therapie
▶ ausschließlich Kritik
▶ ständige Korrektur
▶ Belehrung oder Schulung
▶ Sonderart von Freundschaft
▶ Selbstzweck
▶ Übergriff
▶ perfektes Vormachen
▶ endloser Prozess
▶ einmalige Intervention

Vertriebscoaching will die Leistungsfähigkeit und Zufriedenheit des Mitarbeiters erhöhen.

Deshalb ist es wichtig, dass der Vertriebscoach nicht nur kritisch den Spiegel vorhält, sondern auch auf die Stärken seines Mitarbeiters achtet.

Selbsttest: Wie kritisch bin ich?

Betrachten Sie bitte die folgenden Rechenaufgaben. Was fällt Ihnen auf?

$22 + 53 = 75$

$94 - 18 = 76$

$160 : 8 = 20$

$36 \times 3 = 109$

$82 - 33 = 49$

Ihnen ist aufgefallen, dass das Ergebnis der vierten Aufgabe falsch ist? Richtig, aber vier von fünf Aufgaben wurden richtig gerechnet!

Zweifellos können wir heute von halbwegs intelligenten Menschen erwarten, dass sie die Grundrechenarten beherrschen. Übertragen wir dies auf Mitarbeiterführung, so herrscht jedoch oft der Grundsatz: „Das ist doch eine Selbstverständlichkeit, dafür werden sie ja schließlich bezahlt" oder „Nicht gemotzt ist schon genug gelobt." Doch die Bestärkung von positiven Eigenschaften und Stärken im Verkaufsgespräch durch den Vertriebscoach ist für ein partnerschaftliches, wertschätzendes Coaching unerlässlich. Es darf nicht zu einer ständigen Manöverkritik verkommen, dann bleibt es wirkungslos.

Nur wenn Stärken wirklich erkannt wurden, können sie weiterentwickelt und gefördert werden. Und das ist in der Regel einfacher, als Schwächen zu beseitigen. Beides benötigt Zeit und kontinuierliche Förderung. Deshalb sollte Vertriebscoaching zwar als endlicher Prozess, aber nicht als einmalige Intervention verstanden werden.

1.4 Anforderungen an die Führungskraft

Die besten Erfolge kann ein Coach im Vertrieb und im Service erzielen. Denn seine Mitarbeiter stehen im ständigen Kontakt mit Kunden, hier kann er am ehesten konkrete Coachingsituationen erleben und den Transfer in die Praxis begleiten. Doch damit Coaching in diesem Rahmen wirksam ist, müssen verschiedene Voraussetzungen erfüllt sein.

1. Auswahl und Ausbildung der Führungskraft zum Coach

Wer als Vorgesetzter eine fähige Führungskraft zum Vertriebscoach entwickeln möchte, kann mithilfe der folgenden Checkliste prüfen, ob die aufgeführten Fähigkeiten und Eigenschaften beim Mitarbeiter vorhanden sind. Wer für sich selbst entscheidet, kann die Auflistung als Selbstcheck verwenden.

Checkliste für einen guten Vertriebscoach

Fähigkeiten	Sehr gut	Gut	Mittel- mäßig	Schlecht
Offenheit				
Wahrnehmungsfähigkeit				
Unvoreingenommenheit				
Kontinuität				
Ausgeglichenheit				
Zuhören können				
Fragen können				
Begeisterungsfähigkeit				
Wertschätzung				
Vertraulichkeit				
Vertrauen bildend				
Verbindlichkeit				
Ziel- und Werteorientierung				
Vorbildfunktion				
Prozessplanung				
Selbstmanagement				
Verkäuferische Kompetenz				
Fachliches Wissen				
Praxiserfahrung				
Lehr- und Lernfähigkeit				
Analytisches Denken				

Die sorgfältige Auswahl der Führungskraft sowie ein ausführliches Gespräch mithilfe der Checkliste über ...

▶ die Aufgaben,

▶ die Erwartungen und

▶ die Freiräume (zum Beispiel Zeitkontingente für das Coaching der Mitarbeiter)

sind der erste wichtige Schritt.

Der zweite Schritt ist eine Ausbildung zum Vertriebscoach, die darin besteht, die Grundlagen im Hinblick auf Coaching und Kommunikation zu erwerben, möglichst viel Praxis im Führen von Coachinggesprächen zu gewinnen und schwierige Situationen zu meistern. Beispielhaft finden Sie im Folgenden die Inhalte einer Coachingausbildung, wie wir sie firmenintern und als offene Ausbildung in dreimal drei Tagen durchführen. Diese Ausbildung orientiert sich daran, Führungskräfte aus dem Vertrieb oder Service sehr fokussiert und professionell auf das Coaching von Kundengesprächen vorzubereiten. Sie endet mit einer Abschlussprüfung und Zertifizierung.

Inhalte von Modul 1

▶ Definition von Coaching

▶ Unterschied zwischen Feedback und Coaching

▶ Phasen des Coachings: Vorgespräch, Kundengespräch, Coachinggespräch

▶ Training von Coachinggesprächen anhand von Praxisfällen

▶ Tipps für die Vermittlung von vertrieblichen Fähigkeiten

▶ Zweifel beim Coaching-Erstgespräch mit Kundenberatern beseitigen

▶ Planung von Coachingprozessen

Inhalte von Modul 2

▶ Bisherige Kenntnisse und Fähigkeiten verbessern

▶ Umgang mit Zweifeln und Vorbehalten

▶ Typische Konfliktsituationen während des Coachings

- Verhaltenstipps bei Stress, bei Beschwerden oder Ablehnung
- Nützliche Trainingsmethoden im Coaching
- Praxiserfahrungen der Teilnehmer bearbeiten

Inhalte von Modul 3

- Exzellente Kommunikation mit NLP im Coaching
- Resümee der Ausbildung, der Lernpartnerschaften und erfolgreicher Coachingprojekte
- Transfermaßnahmen festlegen
- Individuelles Feedback für jeden Coach über den Lernprozess
- Testing: Coachinggespräch zu einem bestimmten Kundenfall
- Zertifizierung

Abbildung 3 stellt den Ausbildungszyklus für einen Vertriebscoach dar.

Andere Ausbildungen – wie etwa zum systemischen Coach – sind für interne hauptberufliche Trainer und Coachs sehr sinnvoll, für Vertriebsleiter jedoch meist zu zeit- und kostenintensiv.

2. Fähigkeiten eines guten Vertriebscoachs

Stellen Sie sich einmal einen Coach von Kopf bis Fuß bildlich vor.

Kopf

Neben seinen analytischen Fähigkeiten, seinem Fachwissen und zielorientierten Denken ist vor allem seine sinnliche Wahrnehmungsfähigkeit gefragt. Ein guter Vertriebscoach ist als stummer Beobachter und Zuhörer eines Kundengesprächs intensiv gefordert. Er kann sich ganz darauf konzentrieren, das Gespräch und die Körpersprache des Kunden und Beraters wahrzunehmen.

In unserem Gehirn sind auch unsere Vorurteile und Bewertungen verankert und der so genannte Halo-Effekt führt dazu, dass einzelne Eigenschaften einer Person einen Gesamteindruck erzeugen, der die weitere Wahrnehmung überstrahlt. So weiß man heute, dass gut aussehende Menschen sowohl bei der Einstellung als auch bei der Beur-

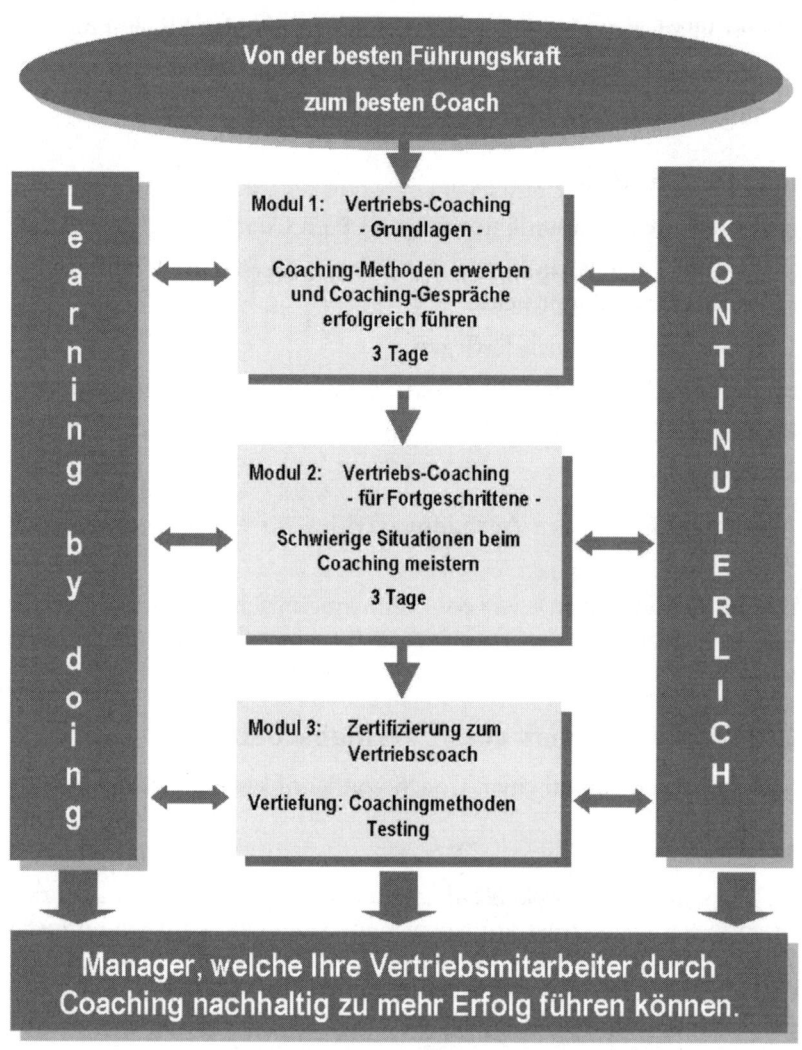

Abbildung 3: Ausbildungszyklus zum Vertriebscoach – HOT-Akademie®

teilung meist besser und positiver eingeschätzt werden als nicht so attraktive Bewerber. Daher ist zumindest das Wissen um diese Wahrnehmungsverzerrung und das Bemühen um Unvoreingenommenheit und Offenheit eine wichtige Voraussetzung für gute Coachingarbeit. Dazu gehören auch die Bereitschaft, selbst hinzuzulernen, und die Freude daran, Wissen weiterzugeben.

Im Coachinggespräch ist schließlich neben der Fähigkeit, beide Ohren offenzuhalten und genau zuzuhören, auch der Mund gefragt, insbesondere die Fähigkeit des Fragenstellens und Klärens. Nach dem Motto: „Statt sagen – fragen!" gehört es zu den wichtigsten Eigenschaften des Coachs, ein echter Fragenprofi zu werden.

Herz und Bauch

Wer als Coach erfolgreich sein will, braucht eine gute Balance zwischen Distanz und Einfühlungsvermögen. Sich in den Partner hineinzuversetzen und mitzufühlen, ist eine gute Vertrauensgrundlage und schafft Nähe. Wer jedoch zuviel Empathie entwickelt, kann in die Mitleidsfalle tappen.

Beispiel

Ein Berater hatte ein schwieriges Kundengespräch und beklagte sich im anschließenden Coachinggespräch lauthals über den Kunden. Der Coach dachte, ein wenig „Dampf abzulassen", tue ihm sicher gut, und ermutigte ihn. Doch irgendwann färbte dieses Verhalten so stark auf den Coach ab, dass er aus diesem Fahrwasser nicht mehr herauskam. Den Moment, innezuhalten und zu sagen „Jetzt analysieren wir einmal genauer, was passiert ist und was Sie in Zukunft dagegen tun können", hatte er verpasst.

Nützlich sind auf der anderen Seite eine klare Zielorientierung, die sowohl das Wertegefüge des Coachees als auch das eigene und das des Unternehmens berücksichtigt.

Wertschätzung und Vertraulichkeit sind zentrale Verhaltensbestandteile: Ein Coachee spürt sehr genau, ob der Coach ihm ständig gute Ratschläge erteilen will oder partnerschaftlich mit ihm Lösungen erarbeitet. Vertrauen ist ein Bauchgefühl, die funktionierende Zusammenarbeit von Coach und Coachee basiert darauf. Ein Verkäufer muss seinem Coach anfangs einen Vertrauensvorschuss entgegenbringen, denn er weiß noch nicht, auf was er sich einlässt. Diesen Vorschuss zu verdienen, bedeutet: keine Informationen über den Coachingprozess an andere zu geben. Denn das gehört zu den größten Ängsten der Berater.

Arme

In den Armen des Coachs steckt Aktivität. Die Hand heißt auf Latein „Manus", und Management bedeutet eigentlich „an der Hand führen". Deshalb gehören Prozessplanung, Selbstorganisation – zum Beispiel Zeit für Coaching freizuhalten –, verkäuferische Kompetenz und Praxiserfahrung sowie Hilfe zur Selbsthilfe zu den ausgestreckten Armen des Coachs.

Beine

Eine der wichtigsten Fähigkeiten von Führungskräften ist es, innerlich in der Balance und ausgeglichen zu sein. Sehr häufig beklagen Mitarbeiter, dass ihr Chef einmal die Freundlichkeit in Person verkörpere und sie dann wieder – aus heiterem Himmel – abkanzle.

Berechenbarkeit ist für den Coach ein wichtiges Standbein, Kontinuität und Verbindlichkeit das andere. Das Standvermögen und die Standfestigkeit des Coachs fördern den langfristigen und andauernden Erfolg des Mitarbeiters. Das ist die zentrale Aufgabe des Coachs.

Dazu eine kurze Geschichte.

Drei Samen

Ein großer König hatte drei Söhne, und er wollte einen von ihnen zu seinem Erben bestimmen. Das war sehr schwierig, denn alle drei waren sehr intelligent und sehr beherzt. Und sie waren Drillinge – alle im gleichen Alter. Es gab also keine Möglichkeit zu entscheiden. Also fragte er einen großen Weisen, und der Weise schlug ihm eine Lösung vor.

Der König kehrte heim und bat alle drei Söhne zu sich. Und er gab jedem von ihnen einen Sack mit Blumensamen und erklärte ihnen, dass er auf Pilgerschaft gehen wolle. „Es wird einige Jahre dauern –

vielleicht eins, zwei, drei oder auch mehr. Und dies ist für euch eine Art Prüfung. Diesen Samen müsst ihr mir zurückgeben, wenn ich heimkehre. Und derjenige, der ihn am besten hütet, wird mein Erbe sein." Dann trat er seine Pilgerfahrt an.

Der erste Sohn dachte: Was soll ich nur mit diesen Samen anfangen? „Er schloss sie in eine eiserne Truhe ein – denn wenn der Vater zurückkehrte, sollte er sie ihm ja so übergeben, wie sie waren.

Der zweite Sohn dachte: Wenn ich sie wegschließe, wie mein Bruder es getan hat, werden sie sterben. Und ein totes Samenkorn ist kein Samenkorn mehr." Also ging er auf den Markt, verkaufte die Samen und verwahrte das Geld. Und er dachte: „Wenn mein Vater zurückkommt, werde ich zum Markt gehen, neue Samen kaufen und ihm bessere zurückgeben als die, die er mir gab."

Der dritte Sohn aber ging in den Garten und streute die Samen wahllos aus.

Nach drei Jahren, als der Vater zurückkam, öffnete der erste Sohn seine Truhe. Die Samen waren alle verfault, sie stanken. Und der Vater sagte: „Was! Das sollen die Samen sein, die ich dir gab? Sie hätten zu Blumen aufblühen und wundervollen Duft verbreiten können – und diese Samen hier stinken! Das sind nicht meine Samen!"

Der zweite Sohn eilte zum Markt, kaufte Samen, kam nach Hause zurück und überreichte sie seinem Vater. Der Vater sagte: „Aber dies sind nicht die gleichen Samen, die ich dir überließ. Deine Idee war besser als die des ersten, aber du bist nicht so tüchtig, wie ich dich gerne hätte.

Dann ging er zum dritten Sohn – mit großer Hoffnung und auch voller Furcht. „Was mag er getan haben?" Und der dritte Sohn nahm ihn mit in den Garten, und dort blühten Millionen von Pflanzen, Tausende von Blumen – überall. Und der Sohn sagte: Dies alles wuchs aus den Samen, die du mir gabst. Sobald sie reif sind, werde ich die Samen der Pflanzen und Blumen einsammeln und sie dir geben."

Der Vater sagte: „Du bist mein Erbe. Genau so sollte man mit Samen verfahren." (Lasko, Dream Teams, 19)

2. Coaching ist mehr als Feedback

Vielleicht hat der eine oder andere von Ihnen schon einmal seine Mitarbeiter gecoacht, ohne dieses oder andere Bücher gelesen zu haben und ohne eine Ausbildung dafür absolviert zu haben. Sie haben Ihren gesunden Menschenverstand plus Ihre bisherigen Kenntnisse und Fertigkeiten genutzt, sich mit dem Mitarbeiter zusammengesetzt und ihm ein ausführliches Feedback zu einem Kundengespräch gegeben, dessen Zeuge Sie kurz vorher geworden waren.

Einige unserer Teilnehmer hatten vor ihrer Ausbildung schon „irgendwie" einmal „eine Art von Coaching" erlebt oder selbst praktiziert und wollten ihr Wissen und Kenntnisse darüber nun auf eine professionellere Basis stellen.

Anknüpfend an diese Erfahrungen analysieren wir zunächst, warum Feedback tatsächlich eine wertvolle Basis für das Coaching bildet, welche Rolle das Johari-Fenster spielt und wie wichtig es ist, unser Selbstbild mit einem Fremdbild abzugleichen. Wie Sie die Brücke vom Feedback zum Coaching schlagen, lesen Sie in Abschnitt 2.3.

2.1 Das Johari-Fenster

Ein interessantes und anschauliches Modell für die Darstellung und das bessere Verständnis von Fremd- und Selbstbild ist das **Johari-Fenster**, so benannt nach seinen „Vätern", den Sozialpsychologen Joseph Luft und **Harry Ingham**. Es spielt für gruppendynamische Prozesse eine große Rolle.

Ihre Mitarbeiter können von Ihnen als Coach wertvolle Rückmeldungen über ihre Wirkungsweise im Kontakt mit Kunden erhalten. Manchmal erfahren sie etwas über Eigenarten oder „Macken", die ihnen selbst gar nicht bewusst waren. Das Johari-Fenster illustriert das anschaulich.

In jeder Situation, in der wir mit anderen Menschen zu tun haben, beobachten wir uns selbst auch aus den Augen der anderen. Wir können täglich an uns selbst erfahren, dass wir unser Verhalten auf die von uns vermutete Wirkung unserer Person auf andere Menschen abstimmen.

Oft wissen wir gar nicht genau, welche Vorstellungen andere über uns haben, oder wir schätzen diese Vorstellungen falsch ein. Wie können wir mehr darüber erfahren, wie andere uns wirklich sehen, und warum ist das so wichtig für uns?

	Mir bekannt	Mir unbekannt
Anderen bekannt	**Arena**	**Blinder Fleck**
Anderen unbekannt	**Fassade**	**Unbewusstes**

Abbildung 4: Johari-Fenster – Selbstbild/Fremdbild

Arena (mir bekannt, anderen bekannt): Die Arena steht für die Teile des Verhaltens eines Menschen (Gedanken, Gefühle, Werte, Einstellungen), die ihm bewusst sind und die er auch anderen mitteilen möchte. Die Arena ist der Bereich, in dem sich ein Mensch freiwillig anderen zeigt, es herrscht in diesem Bereich große Deckungsgleichheit zwischen **Fremd- und Selbstbild.**

Blinder Fleck (anderen bekannt, mir nicht bekannt): Der blinde Fleck der Selbstwahrnehmung, also der Teil des Verhaltens, der für andere sichtbar und erkennbar ist, mir selbst hingegen nicht bewusst/bekannt. Dies können bestimmte Gewohnheiten, Körpergesten oder Marotten sein. Beispiel: ständiges Spielen mit dem Stift, dem Haar,

31

bestimmte sprachliche Eigenheiten („sag ich mal" oder „im Prinzip" in jedem zweiten Satz).

Fassade (mir bekannt, anderen nicht bekannt): Das ist der Bereich des Verhaltens, der mir bekannt und bewusst ist, den ich aber anderen nicht bekannt machen will. Dieser Teil des Verhaltens ist für andere verborgen oder versteckt. Hier wird zum Selbstschutz eine Fassade gewahrt, die „heimlichen Wünsche, die „empfindlichen Stellen" oder sehr Privates werden vorborgen. Je vertrauter das Umfeld ist, desto mehr öffnet man sich.

Unbewusstes (anderen unbekannt, mir unbekannt): Es erfasst Vorgänge, die sich in dem Bereich bewegen, der in der Tiefenpsychologie unterbewusst genannt wird. So stellt man immer wieder fest, dass ein Amokläufer der „nette Junge" von nebenan war, dem niemand eine solche Tat zugetraut hätte und der selbst oft danach fassungslos darüber ist, was er angerichtet hat. Dieser Bereich gehört in die Hände von Psychologen und wird hier nicht weiter besprochen.

Konsequenzen aus dem Johari-Fenster für das Coaching

Luft und Ingham verdeutlichten, dass in einer neuen Gruppe – die gerade erst zusammengekommen ist – die „Arena", auch „öffentliche Person" genannt, sehr klein ist und kaum freie oder spontane Aktionen gezeigt werden. Zu Beginn eines Coachingprozesses besteht eine vergleichbare Situation. Es sei denn, Coach und Mitarbeiter arbeiten langjährig miteinander und sind sich sehr vertraut. Ähnlich verhält es sich in der Beziehung von Beratern zu ihren Kunden. Kennt der Berater seine Kunden noch nicht so gut, wird das freie Handeln zugunsten des Verbergens und des Blinden Flecks eingeschränkt.

Arena	Blinder Fleck
Fassade	Unbewusstes

Abbildung 5: Kleine Arena

Ziel ist es, im Laufe des Prozesses, das obere linke Feld (Arena) immer größer werden und sowohl den Blinden Fleck als auch die Fassade schrumpfen zu lassen. Dies gelingt im Wesentlichen durch zwei Verhaltensweisen:

1. Feedback einholen und geben

2. Offenheit und Vertrauen

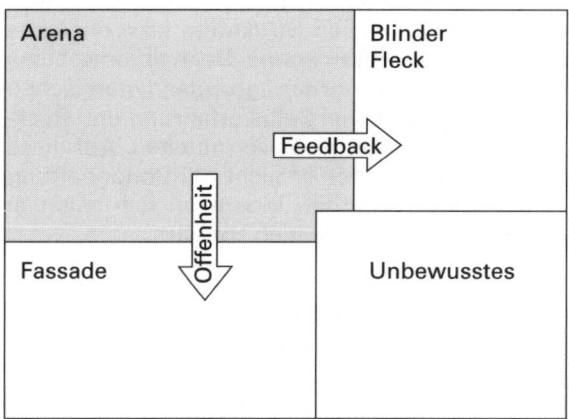

Abbildung 6: Größere Arena durch Feedback und Offenheit

Sowohl für eine reife Coachpersönlichkeit als auch für die Entwicklung des Coachees ist die Bereitschaft zu und das aktive Einholen von

33

Feedback eine wichtige Voraussetzung, die eigene Arena als sozialen Handlungsraum (Spielfeld) zu vergrößern. Wer als Coach nicht selbst Erfahrung mit dem Erhalten und Erbitten von Feedback hat, sollte dies relativ zügig nachholen bzw. zeitnah einfordern.

Denn:

1. Nichts macht einen sensibler, den richtigen Ton zu treffen, als die eigene Erfahrung mit Rückmeldung, und

2. ein klareres Selbstbild ist durch die Spiegelung des Fremdbildes eine wichtige Voraussetzung für gute Coachingarbeit.

Je höher man in der Unternehmenshierarchie kommt, desto dünner wird die Luft und desto seltener findet offenes, Wachstum förderndes und ehrliches Feedback statt. Viele Mitarbeiter verhalten sich eher getreu dem Spruch: *„Beiß nicht in die Hand, die dich füttert."*

Wie also kann eine in der Hierarchie hoch angesiedelte Führungskraft dieses gewünschte Feedback erhalten?

Beispiel

Ein Vorstand einer Bank berichtete, dass er in seiner Bank aufgrund von Respekt und traditionellen Strukturen kein ehrliches Feedback in seiner Position erwarten könne. Deshalb entschloss er sich, regelmäßig an firmenexternen gruppendynamischen Seminaren teilzunehmen, die ihm viel Selbsterfahrung und Rückmeldung über seine Wirkung in Gruppen vermittelten. Auf diese Art und Weise stellte er sicher, dass er nicht die Bodenhaftung verlor, und zeigte seine Souveränität, indem er sich mit viel Humor über seine „Macken" lustig machen konnte.

Der Coachee kann durch das **Feedback** des Coachs sein Selbstbild erweitern und sich über seine Wirkung auf andere bewusster werden. Das ist insbesondere für Verkäufer wichtig, weil sie ständig im Kontakt mit den Menschen stehen, die für das Überleben des Unternehmens am wichtigsten sind: den Kunden.

Die zweite Möglichkeit, seine Arena zu vergrößern, besteht in der **Offenheit**. Da dies – wie bereits beschrieben – ein zweischneidiges Schwert ist, sei hier nur auf unsere bisherige Erfahrung verwiesen: Wenn ein Coach seinen Coachee nur ausfragt und nichts von sich preisgibt, artet das Coaching bald in die unangenehme Situation eines Verhörs aus. Ähnlich mag es manchem Kunden gehen, wenn der Berater nur eine Frage nach der anderen „abfeuert", ohne selbst etwas von sich oder dem Unternehmen zu berichten.

Viele Kunden empfinden es – insbesondere in der Finanzbranche – als unangenehm, sich im übertragenen Sinne „auszuziehen" und alles über die eigenen finanziellen Verhältnisse zu offenbaren, während der Berater nur fragt und notiert. Natürlich soll das nicht heißen, dass der Berater nun ebenfalls seine finanziellen Verhältnisse auf den Tisch legen soll, doch die Fähigkeit zu etwas Small Talk und die Bereitschaft, kleine Einblicke in ihn als Menschen zu gewähren, bauen Widerstand ab und Vertrauen auf.

Entscheiden Sie selbst, wie viel Offenheit Sie zulassen wollen, denn dies ist sicher auch eine Typfrage. Es gibt auf der einen Seite Menschen, die sehr offen auf andere zugehen und schnell Nähe erzeugen können – mit dem Risiko, dadurch angreifbarer zu werden, aber der Chance, eine enge Vertrauensbeziehung zu ihrem Coachee aufzubauen. Auf der anderen Seite gibt es Manager, die eher distanziert führen und Coachinggespräche sehr sachbezogen halten. Dies wiederum kommt den Bedürfnissen ähnlich gestrickter Coachees sehr entgegen.

Sie wissen um die Bedeutung der Beziehungsebene, doch Offenheit und Vertrauen kann man nicht verordnen, das hat sehr viel mit unserer frühkindlichen Sozialisation zu tun. Und die ist außerhalb des Betätigungsfelds eines Coachs.

In den nächsten Abschnitten erfahren Sie, wie Feedback erfolgen sollte und wie der Schritt vom Feedback zum Coaching funktioniert.

2.2 Selbstbild versus Fremdbild

Feedback ist die Information darüber, wie jemand auf andere wirkt. Durch Feedback teilen mir andere Menschen mit, wie meine Verhaltensweisen von ihnen wahrgenommen, verstanden und erlebt werden.

Natürlich habe ich selbst auch eine Meinung darüber. Wenn ich mich, mein Verhalten, meine Einstellungen und Gefühle beschreibe, dann drücke ich damit mein **Selbstbild** aus: so, wie ich mich selbst sehe. Diese Beschreibung ist subjektiv richtig.

Ihre Mitarbeiter, Kollegen und Vorgesetzten haben ebenfalls ein Bild von Ihnen. Ganz gleich, wie weit sich dieses **Fremdbild** von Ihrem Selbstbild unterscheidet – es ist subjektiv genauso richtig.

Oft machen wir uns ganz falsche Vorstellungen davon, wie wir auf andere wirken. Solange ich annehme, dass Selbst- und Fremdbild übereinstimmen, werde ich weder mein Verhalten überprüfen und ändern, noch sonst eine Gelegenheit wahrnehmen, die Einstellung des anderen zu mir zu korrigieren. Erst wenn ich erfahre, wie der andere mich wirklich sieht, ist eine Annäherung möglich.

Halten wir fest: Wenn Selbstbild und Fremdbild weit auseinander liegen, also nur eine geringe gemeinsame „Schnittmenge" besteht, dann leidet die Kommunikation.

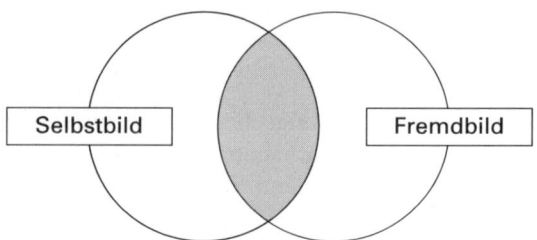

Abbildung 7: Kleine Schnittmenge – eher schwierige Verständigung

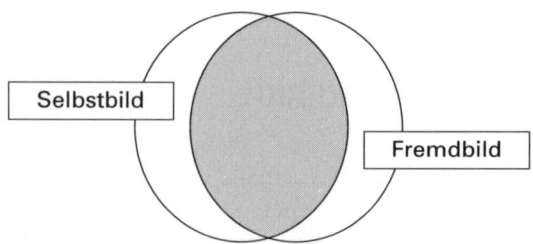

Abbildung 8: Große Schnittmenge – Basis konfliktfreier Kommunikation

Im Idealfall sind Selbstbild und Fremdbild fast deckungsgleich, doch dies kommt selten vor.

Beim Feedback, das ich erhalte, kann ich mich fragen, ob die Wirkung, die ich erzielt habe, erwünscht ist oder nicht. War sie es nicht, so bleibt immer noch meine eigenverantwortliche Entscheidung, ob ich die Abweichung hinnehmen oder mein Verhalten ändern möchte.

Erst wenn ich innerlich bereit bin, mein Verhalten in Frage zu stellen, um Neues zu lernen, werden für beide Seiten gewinnbringende Feedbacksituationen möglich.

Feedback bedeutet genau übersetzt „zurück füttern". Wenn Ihr Coachee Sie an einem Kundengespräch teilnehmen lässt, ist er „hungrig" auf Rückmeldung. Dabei kann manches wie leckere Pralinen schmecken, aber es kann auch die eine oder andere bittere Pille dabei sein.

Wirkung von Feedback

Wichtig ist, dass Feedback ausgewogen ist und Sie nicht die Persönlichkeit bewerten („Sie sind viel zu schüchtern, so werden Sie nie ein guter Verkäufer."), sondern das Verhalten und seine Wirkung auf Sie („Sie haben den Kunden selten direkt angesehen, das wirkte auf mich, als ob Sie Angst davor haben"). Ein anderer Beobachter könnte vielleicht aus derselben Wahrnehmung, fehlender Blickkontakt, schließen: „Das wirkte auf mich, als ob Sie kein Interesse an ihm haben." Feedback ist deshalb so wertvoll, weil man etwas über seine subjektive Wirkung auf andere erfährt. Es ist die Rückkopplungsschleife zu unserer Umwelt. Der Kybernetiker Norbert Wiener sagte einmal: „Ich weiß erst dann, was ich gesagt habe, wenn ich gehört habe, was beim anderen angekommen ist."

Feedback basiert auf zwei Aspekten:

1. Welches Verhalten nehme ich wahr (Was sehe und was höre ich)?

2. Welche Wirkung hat dieses Verhalten bei mir?

Damit Feedback „sättigend", also wertschätzend, wachstumsfördernd und den Partner bereichernd geschieht, haben sich folgende Regeln bewährt:

Regeln für den Feedbackgeber	Regeln für den Feedbacknehmer
Was?	Hört zu
Beobachtet	Kann sich Notizen machen
Beschreibt die 2 Ws: Wahrnehmung und Wirkung	Kann **sparsam** nachfragen, bzw. Verständnisfragen stellen
Empfiehlt ⇒ !	Rechtfertigt sich nicht
Wie?	Entscheidet darüber, was er annimmt und was nicht
Konkret, zeitnah und direkt	
Offen und ehrlich	Entscheidet darüber, was er ändern will und was nicht
KISS-Prinzip (Keep it short & simple)	Achtet auf seine Aufnahmefähigkeit und sagt rechtzeitig:
Ich-Form (nicht: man, er, sie)	Stopp!
Konstruktiv mit Tipps	
Subjektiv:	
„ich finde ..."	
„ich hätte mir gewünscht ..."	
„mir ist aufgefallen ..."	
Ausgewogen	

Die in Abbildung 9 dargestellte Pyramide zeigt, dass unser Verhalten von unseren Fähigkeiten, Einstellungen und Glaubenssätzen geprägt wird und umgekehrt unser Wertesystem durch gelerntes Verhalten. Wer davon überzeugt ist, kein guter Verkäufer zu sein, wird sich dementsprechend verhalten. Wer durch seine Umwelt gelernt hat, sehr selbständig zu sein, entwickelt passende Überzeugungen. Feedback kann bewirken, dass der Feedbackempfänger durch das Fremdbild seine Einstellungen überdenkt und Verhalten verändert. Es bleibt jedoch immer seine selbstverantwortliche, freiwillige Entscheidung.

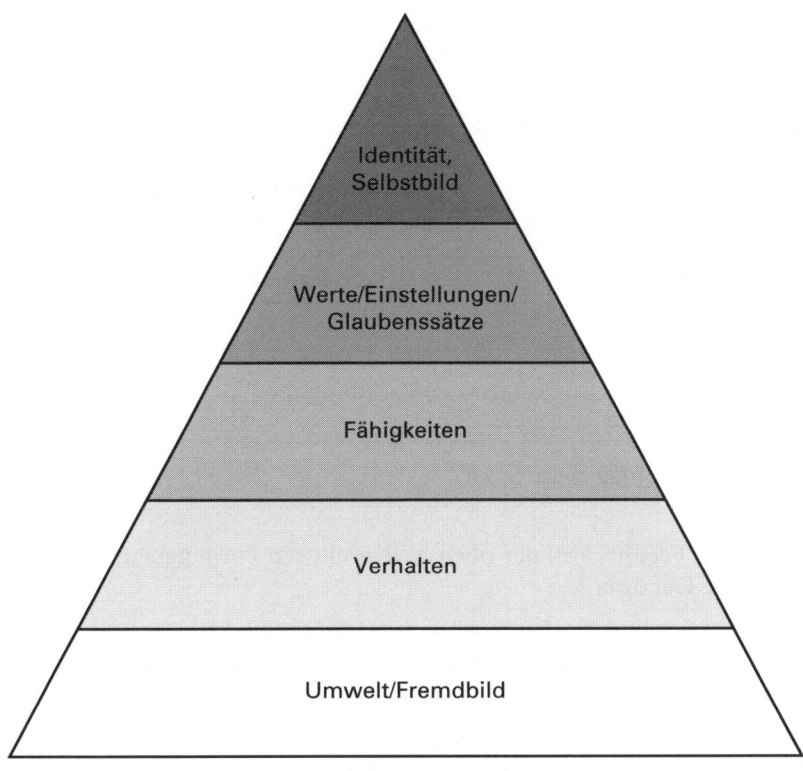

Abbildung 9: Verhaltensabhängigkeiten

2.3 Vom Feedbackgeber zum Fragenprofi

Das Feedback dient als Basis für das Coaching. Aber Coaching ist mehr als eine Rückmeldung in Form eines Monologs: **Coaching ist Dialog statt Monolog:**

▶ Der Coach steuert das Gespräch durch **Fragen, Fragen, Fragen.**

▶ Er arbeitet mit dem Mitarbeiter an ganz konkreten Zielen und Situationen.

▶ Er lässt den Mitarbeiter Lösungen entwickeln und gibt keine vor.

▶ Er behält den roten Faden des Gesprächs.

Probieren Sie in der folgenden Übung, aus den Feststellungen in Feedbackform Fragen für das Coaching zu entwickeln:

Übung 1: Vom Feedback (Monolog) zum Coaching (Dialog)

Feedback	Fragen für das Coaching
Mir ist aufgefallen ...	Was ist Ihnen aufgefallen?
Gut fand ich ...	Was ist Ihre Meinung über ...
Mein Tipp ist ...	
Versuchen Sie einmal ...	
Der Kunde sagte ...	

Lösungsvorschlag siehe S. 167

Wenn Sie Feedback in der oben beschriebenen Form geben, bestehen folgende Gefahren:

▶ Sie überhöhen Ihr Feedback – denn Sie sind der Coach und Vorgesetzte! Also mag Ihnen Ihre Wahrnehmung doch ein wenig „richtiger" als die Ihres Mitarbeiters erscheinen.

▶ Der einseitige Monolog wirkt ermüdend. Ihr Mitarbeiter schaltet innerlich ab und hängt seinen eigenen Gedanken nach.

▶ Der Mitarbeiter ist verurteilt, nur zuzuhören, und kann seine Sichtweise nicht einbringen.

▶ Sie ermüden, weil es ganz schön anstrengend ist, zu einem längeren Gespräch Feedback zu geben.

▶ Sie interpretieren und bewerten mehr, statt sich auf das Beschreiben von Wahrnehmung und subjektiver Wirkung zu beschränken.

▶ Sie wissen nicht, was der Mitarbeiter davon annimmt und was nicht.

▶ Sie ahnen auch nicht, ob der Mitarbeiter etwas ändern will und wie.

▶ Die Kommunikationssituation zwischen Ihnen beiden ist unausgewogen: Sie sprechen, Ihr Mitarbeiter hört zu.

▶ Sie sind aktiv, der Mitarbeiter verhält sich passiv.

▶ Der Mitarbeiter wird künftig mit einer Konsumentenhaltung ins Coaching gehen.

Um Missverständnissen vorzubeugen: Feedback ist eine wunderbare Möglichkeit, mehr über sich und seine Wirkung zu erfahren. Es wird in unserem Arbeitsalltag leider viel zu selten praktiziert. Aus diesem Grunde hat es zu Recht einen hohen Stellenwert in einem Verhaltenstraining. Doch für Ihre Arbeit als Vertriebscoach sollten Sie darüber hinaus die Kunst des Fragenstellens und Zuhörens beherrschen.

Welchen Nutzen haben Sie als Coach, wenn Sie Fragen stellen?

▶ Sie haben eine partnerschaftliche Gesprächssituation, in der beide aktiv sind.

▶ Sie führen durch Fragen, der Coachee „arbeitet".

▶ Der Coachee analysiert, rekapituliert, entwickelt Lösungen – mit Ihrer Hilfe.

▶ Er denkt mit und gewinnt seine eigenen Aha-Erlebnisse.

▶ Er entwickelt konkrete Schritte für die nächsten Gespräche.

▶ Er übernimmt Verantwortung.

▶ Er wird wesentlich mehr hinter den Ergebnissen stehen, weil sie von ihm erarbeitet wurden.

▶ Er wird die gewonnenen Erkenntnisse umsetzen!

3. Coaching von Kundengesprächen

Das Coaching von Kundengesprächen besteht aus drei Phasen: Vorgespräch, Kundengespräch und Coachinggespräch. Im Folgenden erhalten Sie jeweils einen Leitfaden für das Vorbereitungs- sowie das Coachinggespräch, die Ihnen Sicherheit für Ihre Gespräche geben sollen. Beide haben sich in der Praxis bewährt. Sie können sie unverändert nutzen oder für Ihre Bedürfnisse anpassen.

Die Beobachtungsschwerpunkte unterstützen Sie, Ihre Wahrnehmung zu sensibilisieren und zu fokussieren, und sie erleichtern das Mitschreiben sowie die anschließende Analyse. Anhand eines ausführlichen Fallbeispiels wird das Vertriebscoaching praxisnah und nachvollziehbar dargestellt und erläutert. Abschließend werden einige klassische „Fettnäpfchen" beschrieben, in die man als Coach treten kann, und Sie bekommen Tipps, wie Sie sie gekonnt umschiffen.

3.1 Die drei Phasen des Coaching

Das Coaching besteht aus drei Phasen:

Phase 1: Coaching-Vorgespräch (Coach + Coachee)

Phase 2: Kundengespräch (Kunde + Coachee + Coach)

Phase 3: Coachinggespräch (Coach + Coachee)

Sorgen Sie für eine ungestörte Atmosphäre

Coaching erfordert Ruhe sowie eine angenehme, ungestörte und partnerschaftliche Atmosphäre. Wählen Sie eine stressfreie Umgebung. Ihr Büro oder das eines anderen Vorgesetzten ist dafür eher ungünstig, denn hier werden Sie in erster Linie als Chef und nicht als

Coach gesehen und empfunden. Wenn ein Kunde zum Coachee kommt, bietet sich die Vorbereitung in seinem Büro an. Für das eigentliche Gespräch ist ein Besprechungsraum am besten geeignet, weil auch der Coachee dadurch einen Ortswechsel erfährt, und gerade nach schwierigen Situationen bestimmte Sitzpositionen noch negativ geankert sind. Der Raum sollte nicht durch Glaswände einsehbar sein und durch einen runden Tisch eine Sitzordnung ermöglichen, die nicht konfrontierend, sondern auf Augenhöhe ist. Bei einem eckigen Tisch wählen Sie eine Sitzposition über Eck statt gegenüber.

Bordsteinkonferenz

Besucht der Coachee den Kunden, empfiehlt sich die Planung von mehreren Kundenterminen hintereinander. Treffen Sie sich rund 30 Minuten vor dem ersten Kundenbesuch und planen Sie kurz gemeinsam den Tag sowie das erste Gespräch. Nach dem Kundentermin lässt oft die Anspannung nach, eine Doppelkonzentration auf den Straßenverkehr und das gerade beendete Gespräch ist zu anstrengend, wenig effektiv und möglicherweise gefährlich.

Denn: „Coach und Verkäufer müssen sich gleichermaßen auf das Analysegespräch konzentrieren. Der Coach stellt Fragen und der Verkäufer antwortet. Der Coach möchte Einsichten schaffen, über die der Verkäufer möglicherweise erst nachdenken muss. Deshalb sollte dieses Gespräch im Auto auf dem Parkplatz geführt werden. Daher kommt übrigens auch der Begriff ‚Bordsteinkonferenz‘ (Ückermann, 2004, S. 75). Oder machen Sie einen kurzen Spaziergang und suchen Sie dann ein ruhiges Café auf. Bewegung unterstützt den kreativen Verarbeitungsprozess. Achten Sie nur darauf, dass keine Namen und Betriebsgeheimnisse für andere Ohren vernehmbar angesprochen werden.

Vorgespräch

Das Coaching beginnt mit einem kurzen Vorgespräch, dessen Länge sich nach der Komplexität des Kundenfalls und dem Klärungsbedarf des Coachees richtet. In der Regel variiert es zwischen 10 Minuten (insbesondere bei Folgegesprächen) und 15 Minuten.

Kundengespräch

Beim Kundengespräch wird der Coach kurz vorgestellt und der Kunde um sein Einverständnis gebeten, dass der Coach dabeisitzen und sich Notizen machen darf. Der Coach hält sich im Hintergrund und sitzt am Rande, möglichst nicht im direkten Blickkontakt mit dem Kunden, aber auch nicht hinter ihm. Das Einverständnis des Kunden einzuholen, wird von den Coachees oft schwieriger eingeschätzt, als es in der Praxis wirklich ist. Viele Kunden sind sogar erfreut, und manche haben schon gesagt: „So etwas hätte ich auch gerne einmal!"

Coachinggespräch

Das anschließende Coachinggespräch bezieht sich auf die im Vorgespräch besprochenen Ziele und Beobachtungsschwerpunkte und das soeben stattgefundene Kundengespräch. Je nach Dauer dieses Gesprächs und nach Schwierigkeitsgrad benötigt man für das Coachinggespräch etwa 20 bis 40 Minuten. Die Lernforschung hat herausgefunden, dass wir eine begrenze Aufnahmekapazität haben und viele Wiederholungen brauchen, bis wir etwas verinnerlichen und uns an neue Verhaltensweisen gewöhnen. Deshalb gilt das Motto: „Lieber öfter und kürzer als seltener und länger."

Im Folgenden erhalten Sie jeweils einen Leitfaden für das Vor- und das Coachinggespräch. Bitte nutzen Sie sie – wie alles in diesem Buch – als Unterstützung, um das Gespräch zu strukturieren und Wichtiges im Blick zu behalten. Jeder von Ihnen sollte seine einzigartige Persönlichkeit in das Gespräch mit einbringen. Es geht uns nicht darum, „den idealen Vertriebscoach" zu schaffen – den gibt es gar nicht – sondern Sie sollen vielmehr zum „bestmöglichen Coach für Ihre Mitarbeiter" werden. Wenn Sie für sich und die spezielle Vertriebssituation Ihrer Mitarbeiter feststellen, dass weitere Punkte in Ihrem Leitfaden notwendig sind, ergänzen Sie ihn entsprechend.

Wenden wir uns nun den drei Gesprächssituationen zu. Ein konkretes Fallbeispiel hierfür finden Sie in Kapitel 3.3.

Phase 1: Coaching-Vorgespräch

Bevor Sie mit den Coachinggesprächen starten, empfehlen wir, alle betroffenen Mitarbeiter im Rahmen einer Kick-off-Veranstaltung über das geplante Coachingprogramm zu informieren (siehe Kapitel 7). Auch wenn Sie dies getan haben, rechnen Sie eher damit, dass bei den ersten Gesprächen immer noch persönlicher Klärungsbedarf besteht. Schließlich hebt es bei manchen Mitarbeitern deutlich den Adrenalinspiegel, wenn plötzlich ihr Vorgesetzter dabeisitzt.

Leitfaden für das Vorgespräch:

1. Positive Einstimmung

2. Bei Erstgesprächen: Vertrauen schaffen

▶ den Coachee sich entspannen lassen und mögliche Angst oder Widerstände abbauen

▶ Vertrauen schaffen und Rolle des Coachs erläutern

Bei Folgegesprächen: „Andocken" an letztes Coachinggespräch.

3. Informationen zum Kunden:

▶ Ausgangssituation klären

▶ Ziele für das Kundengespräch festlegen

▶ Aufbau des Gesprächs: Gesprächsaufhänger, Einstiegsfragen, Argumentation, Umgang mit vermuteten schwierigen Situationen, Abschluss

4. Vereinbarung der Ziele und Beobachtungsschwerpunkte für das Coaching

Bei Erstgesprächen: Vorstellung des Coachs beim Kunden

Phase 2: Kundengespräch

Während des Kundengesprächs sollte sich der Coach zurückhalten und dem Coachee das Gespräch überlassen, nach der Devise „normalerweise würde er auch allein das Gespräch führen; ich greife nur ein, falls ernsthafter Schaden für unser Unternehmen entsteht/entstehen sollte". So lange bleibt der Coach passiv im Hintergrund.

Falls der Kunde ihn direkt anspricht, antwortet er kurz und spielt den Ball an den Coachee weiter:

Beispiel

Kunde: „Was meinen Sie dazu?"

Coach: „Ich kann gut verstehen, dass Sie noch eine zweite Meinung hören wollen. Aber Herr Winter hat völlig Recht und ist bei uns der Experte auf diesem Gebiet."

In dieser Phase sind die Hauptaufgaben des Coachs:

▶ gut beobachten

▶ gut zuhören

▶ Notizen machen – falls möglich

Er sollte während oder direkt nach dem Gespräch seine wichtigsten Beobachtungen (mit Beispielen) notieren.

In vielen Call-Centern wird der Kunde bereits im Vorfeld um die Erlaubnis gebeten, das Gespräch aufzeichnen zu dürfen. Zweifellos ist dies eine ausgezeichnete Datenbasis, um die gesprochene Sprache in all ihren Nuancen, wie zum Beispiel Modulation, Füllwörter, Sprechtempo oder Wortwahl, zu analysieren. In der Regel ist der Coach jedoch darauf angewiesen, schnell das Wichtigste mitzuschreiben beziehungsweise über ein gutes Erinnerungsvermögen zu verfügen.

Wir plädieren für die Mitschrift, weil das Gedächtnis nie so präzise wie Ihre Notizen sein kann. Allerdings irritiert es den Kunden, wenn Sie versuchen, im Stenotempo zehn Seiten mitzuschreiben („Wofür brauchen Sie denn das alles?! Bin ich so interessant?! Zeigen Sie mal ...")

In unseren Seminaren stellen wir immer wieder fest, dass das Beobachten des Gesprächs inklusive der Körpersprache und die gleichzeitige Aufzeichnung des Gesagten für viele Teilnehmer eine große Herausforderung darstellt. Erst durch permanentes Training und viele miterlebte Kundengespräche entwickeln sie die Fähigkeit, Wichtiges von Unwichtigem zu unterscheiden und ihre Mitschrift zu systematisieren.

Folgender Beobachtungs- und Auswertungsbogen unterstützt Sie, Ihre Mitschrift zu strukturieren:

Coaching: Beobachtungs- und Auswertungsbogen

Coachee:		Datum:
Ziele des beobachteten Gesprächs: 1. 2. 3.		Beobachtungsschwerpunkte: 1. 2. 3.

Coachee:	Auswertung	Kunde:

Maßnahmen:	Nächster Coachingtermin:

Abbildung 10: Beobachtungs- und Auswertungsbogen

Notieren Sie rechts und links stichpunktartig die Aussagen von Coachee und Kunde, bei wichtigen Passagen am besten in wörtlicher Rede, wenn Sie auf bestimmte Formulierungen noch einmal zurückkommen wollen. Die äußeren Spalten dienen der reinen Beobachtung, die mittlere Spalte nutzen Sie für Ihre Auswertung. Abkürzungen und Zeichensymbole wie Plus- und Minus-Zeichen, Ausrufezeichen oder Pfeile können Sie entweder während des Gesprächs oder danach dort eintragen, damit Sie den Überblick behalten und schnell auf einen Blick erkennen, an welchen Stellen Sie mit Ihrem Coaching ansetzen. Die Plus-Minus-Gewichtung erleichtert Ihnen auch, auf Ausgewogenheit zu achten (siehe Abb. 11).

Coachee	Auswertung	Kundin: Frau Berger
Hallo Frau Berger, schön, Sie wiederzusehen.	+ Begrüßung	Ja, freut mich auch.
Darf ich Ihnen Herrn Portner (= Coach) vorstellen: Er würde mir heute gerne *einmal ein bisschen über die Schulter schauen*, sozusagen. (Zögern) Also das hat *nichts mit Ihnen zu tun* ... Wir möchten uns *eben weiterentwickeln* ...	+ Vorstellung - klingt unsicher, wenig überzeugend → Nachfragen → wie positiv formulieren?	Aha, ... Soso ... Na, von mir aus ...
Darf ich Ihnen etwas zu trinken anbieten? Ich kann mich erinnern, dass Sie gerne Tee mögen. Wir haben einen ganz guten ...	+ nettes Angebot + persönliche Note, gut vorbereitet	 Ja, das klingt gut. Gerne!

Abbildung 11: Ausgefüllter Beobachtungs- und Auswertungsbogen (Beispiel)

Phase 3: Coachinggespräch

Nach dem Kundengespräch machen Sie eine kurze „Verschnaufpause". Lassen Sie dem Coachee ein wenig Zeit, das Gespräch für sich noch einmal zu verarbeiten, eventuell einige Notizen zu machen, und bereiten Sie sich auf Ihr Coachinggespräch vor. Machen Sie sich vorher Gedanken, welche intelligenten und zielführenden Fragen Sie stellen können.

Leitfaden für das Coachinggespräch

1. Selbstanalyse des Mitarbeiters

- ▶ Gesamteindruck
- ▶ Zielerreichung

2. Gemeinsame Analyse

Inhalte:

- ▶ Ziele und Beobachtungsschwerpunkte als roter Faden
- ▶ Weitere situationsbedingte Themen in Absprache mit Berater

Dialog mit offenen Fragen:

- ▶ Analyse anhand konkreter Situationen, Sachverhalte, Kunden- und Berateraussagen
- ▶ Auswertung hinsichtlich Zielerreichung, professioneller und wertschätzender Kommunikation, vertrieblicher und fachlicher Kompetenz, Kundenorientierung
- ▶ Entwicklung von Lösungen und Handlungsalternativen

3. Vereinbarung/Abschluss

- ▶ Fazit
- ▶ Maßnahmen
- ▶ Ziel(e) für Folgegespräch
- ▶ Nächster Termin

Tipps für das Coachinggespräch

Zu Beginn lassen Sie den Coachee in der **Selbstanalyse** das soeben beendete Kundengespräch selbst einschätzen, zum Beispiel mit folgenden Fragen:

- ▶ Wie sind Sie mit dem Gespräch zufrieden?
- ▶ Was ist Ihnen gut gelungen? Was weniger?
- ▶ Welche Ziele haben Sie erreicht?

In der darauf folgenden **gemeinsamen Analyse** werden die gesetzten Ziele und Beobachtungsschwerpunkte aus dem Kundengespräch besprochen.

Folgende drei Aspekte sollten dabei sauber unterschieden werden:

1. Die Beschreibung
2. Die Deutung
3. Die Empfehlung

Beispiel „Feedback"

„Mir ist aufgefallen, dass Sie anfangs viel mit dem Stuhl hin- und hergewippt sind." (Beschreibung)

„Das wirkte auf mich, als ob Sie nervös seien." (Deutung)

„Mein Tipp: Achten Sie beim nächsten Gespräch darauf, etwas ruhiger zu sitzen." (Empfehlung)

Im Coaching hört sich dasselbe etwas anders an:

Beispiel „Coaching"

Coach: „Wie – meinen Sie – wirkte Ihre Körpersprache?"

Coachee: „Darauf habe ich nicht geachtet. Was haben Sie denn wahrgenommen?"

Coach: „Mir ist aufgefallen, dass Sie anfangs viel mit dem Stuhl hin- und hergewippt sind." (Die Beschreibung kommt erst, nachdem der Coachee sich nicht erinnert und nachfragt.)

Coachee: „Habe ich gar nicht bemerkt."

Coach: „Welche Wirkung mag das auf den Kunden haben?" (Interpretation einholen, hier aus den Augen des Kunden)

Coachee: „Er denkt vielleicht, ich bin ungeduldig oder unsicher."

Coach: „Ja, so ähnlich denke ich auch. – Vielleicht auch, dass Sie nervös sind." (Angebot der Deutung des Coachs)

Coachee: „Aber das war ich gar nicht, ich bin eben ein temperamentvoller Typ." (Diskussion mit Tendenz zur Verteidigung)

Coach: „Genau. Bleiben wir noch einen Moment beim Kunden: Wie könnte Ihre Körpersprache Sie unterstützen, geduldig und sicher zu wirken?" (Merkt, dass seine Deutung Widerstand erzeugt hat, und konzentriert sich auf die Lösung mithilfe der positiven Umdeutung der vom Coachee genannten unerwünschten Wirkung auf den Kunden: „ungeduldig – geduldig"; „unsicher – sicher".)

Coachee: „Vermutlich muss ich einfach beim nächsten Gespräch vorher ganz bewusst daran denken, etwas ruhiger zu sitzen … Ich habe einmal von einem Kollegen gehört, der macht immer vor seinem nächsten Termin den „Body-Check", ich kann ihn ja mal fragen, was er da genau macht."

Coach: „Gute Idee. Also halten wir fest: …"

Falls Sie an dieser Stelle innerlich denken, das Beispiel „Feedback" ist wesentlich kürzer und zeitsparender, so haben Sie Recht. Das Beispiel „Coaching" kostet mehr Zeit, aber die subjektiven Deutungen werden dem Berater nicht aufgedrückt, sondern er entwickelt sie selbst und daher besteht eine weitaus höhere Akzeptanz und Lösungsbereitschaft.

Natürlich kann und soll der Coach auch selbst Tipps und Empfehlungen auf partnerschaftlicher Ebene geben. Wichtig ist, dass der Mitarbeiter seinen eigenen Nutzen erkennt und die Tipps immer erst erfolgen, wenn der Mitarbeiter bereits selbst nach Alternativen gesucht hat.

Beispiel

Coach: „Vielleicht nützt Ihnen dieser „Body-Check" auch, um selbst entspannter zu sein. Oft hilft auch etwas Bewegung vor dem Termin, gerade bei Ihrem Temperament eine gute Möglichkeit, rechtzeitig den „Cool-down"-Gang einzulegen …"

Die abschließende Maßnahmenplanung in der Phase 3 bedeutet die „Ernte" für Coach und Coachee. Jetzt wird das Coaching durch Maßnahmen konkret: Was vorher an Erkenntnissen gesät wurde, an Einsichten entstanden ist, an Veränderungswünschen gewachsen ist, kann nun in „To-do's", also Maßnahmen für das nächste Kundengespräch, münden. Bis zum Schluss ist der Coach in seiner vollen Konzentration gefordert, mit dem Berater die für ihn richtigen und wichtigen nächsten Schritte herauszufinden und festzuhalten. Sie bilden die Grundlage für das nächste Coaching und schaffen Erfolgserlebnisse auf beiden Seiten (siehe auch Abschnitt 4.4).

3.2 Beobachtungsschwerpunkte

Der richtige Therapeut?

Eine hübsche junge Frau kam in meine Praxis, setzte sich, zupfte einen Fussel vom Ärmel und sagte: „Ich weiß, ich habe keinen Termin bei Ihnen, Dr. Erickson. Ich war in Baltimore und habe alle Ihre Freunde dort getroffen. Ich war in New York und habe alle Ihre Freunde dort gesehen. Ich war in Boston und Detroit, und keiner von ihnen war der richtige Psychiater für mich. Ich bin nach Phoenix gekommen, um zu sehen, ob Sie der richtige Psychiater für mich sind."

Ich sagte: „Das dürfte nicht lange dauern." Ich schrieb Name, Alter, Anschrift, Telefonnummer auf, stellte einige andere Fragen und sagte dann: „Gnädige Frau, ich bin der richtige Psychiater für Sie." „Sind Sie nicht ein bisschen eingebildet, Dr. Erickson?" Ich sagte: „Nein, ich stelle nur eine Tatsache fest. Ich bin der richtige Psychiater für Sie."

Sie sagte: „Das klingt furchtbar eingebildet." Ich sagte: „Das ist nicht eine Frage von Eingebildetsein. Es ist eine Frage von Tatsachen. Und wenn Sie möchten, dass ich es Ihnen beweise, kann ich es Ihnen beweisen, indem ich Ihnen eine einfache Frage stelle. Denken Sie gut darüber nach, denn ich glaube, Sie möchten nicht, dass ich Ihnen diese Frage stelle."

Sie sagte: „Nein, aber machen Sie nur und fragen Sie."

Ich sagte: „Wie lange tragen Sie schon Frauenkleider?"

Und er sagte: „Woher wissen Sie das?"

Ich war der richtige Psychiater. Woher wusste ich es nun? Ganz recht! Durch die Art, wie er den Fussel von seinem Ärmel zupfte. Als Mann mache ich niemals „Umwege". Ich habe nichts, worum ich Umwege machen kann. Und Frauen haben es. Er nahm den Fussel ohne Umwege. Nur ein Mann macht das." (Rosen, 1990, S. 192)

Der „Vater" der Hypnotherapie, Milton H. Erickson, war als Kind an Kinderlähmung erkrankt und zeitweise vollständig gelähmt. Er bezeichnete es als „unheimlichen Vorteil anderen gegenüber" (ebd. S. 48). Eine sensorische Lähmung führte außerdem dazu, dass er nur seine Augen bewegen konnte und sein Gehör nicht beeinträchtigt war. Ans Bett gefesselt, begann er Sprache und Körpersprache genau zu studieren. Er wurde ein Meister der Bobachtung, und all seine therapeutischen Interventionen basieren auf seiner erstaunlich genauen Wahrnehmung und auf der Überzeugung, Schwächen als Stärken zu utilisieren, das heißt, nutzbar zu machen.

Diese Fähigkeit, ein Gespräch genau zu beobachten, um es anschließend analysieren zu können, können Sie gezielt entwickeln.

Trainingstipps im Vorfeld

1. „Hier und Jetzt"

Trainieren Sie Ihre Wahrnehmungsfähigkeit, indem Sie sich bewusst fünf Minuten am Tag hinsetzen und alles aussprechen, was Ihnen im Hier und Jetzt auffällt; alles, was Ihre Sinne aufnehmen: Vogelgezwitscher, wie das Licht durchs Fenster hereinfällt, ein Presslufthammer in der Ferne, ein kühler Windzug durch die Klimaanlage. Wichtig ist, dass Sie einfach darauf losreden – „talk, talk, talk" – ohne lange darüber nachzudenken. Dies ist auch eine gute Übung, um das innere Bewerten abzuschalten oder zumindest bewusst zu erleben, wie schnell unser Reflektor und Zensor sich einschaltet. Denn hier geht es um das reine Erleben und Beschreiben.

2. „Talkshow" – mal ohne Bild, mal ohne Ton

Nutzen Sie Talkshows im Fernsehen, um Dialoge mitzuschreiben und gleichzeitig die Körpersprache zu beobachten. Zeichnen Sie Sendungen auf und analysieren Sie nur die Körpersprache, indem Sie den Ton abstellen. Sie werden erstaunlich viel über die Signale unserer Körpersprache lernen, die auch bei Medienprofis noch einiges verrät. Analysieren Sie danach nur die Stimmen und verbalen Aussagen, indem Sie das Bild verdunkeln. So lernen Sie, beide Kanäle bewusst getrennt wahrzunehmen, und trainieren gezielt Ihre Aufmerksamkeit.

Notieren Sie hier noch weitere eigene Ideen, wie Sie Ihre Wahrnehmungsfähigkeit trainieren können. Je spielerischer und kreativer, umso besser.

_____

_____

_____

_____

Alle diese Übungen helfen Ihnen, mehr wahrzunehmen!

Eine wichtige Aufgabe im Vorgespräch ist, Beobachtungsschwerpunkte mit dem Coachee festzulegen. Denn Sie können und sollen nicht ein komplettes Gespräch mitschreiben, sondern den Verlauf beobachten und zu den Schwerpunkten und Zielen Notizen machen.

Doch wie kommen Sie zu den „verborgenen" Schwerpunkten Ihrer Coachees? Normalerweise passiert Folgendes bei einem Erstgespräch oder einem Gespräch mit jungen Verkäufern, die ihre Ausbildung gerade abgeschlossen haben:

Beispiel

Coach: „Gut, Frau Liebert, worauf soll ich jetzt im folgenden Gespräch achten?"

Coachee: „Das weiß ich auch nicht so recht. Ich dachte, Sie sagen mir danach schon, was ich besser machen soll."

Durch Ihre Doppelrolle als Führungskraft und Coach entsteht die Erwartungshaltung, „der Chef wird mir schon sagen, wo ich meine Schwächen habe". Hier bietet sich an, dass Sie als Coach den Rahmen geben und den Coachee um konkrete Mithilfe bitten.

Beispiel

Coach: „Ja, ich weiß, das ist nicht ganz einfach zu formulieren. Ich kann zum Beispiel auf vertriebliche Schwerpunkte, das Serviceverhalten, das fachliche Vorgehen oder kommunikative Aspekte achten. Aber damit ich genauer weiß, was ich beobachten soll, brauche ich von Ihnen Input dazu, was Ihnen nutzen würde."

Bei neuen Mitarbeitern oder Azubis, die gerade übernommen wurden, ist diese respektvolle Haltung auf der Suche nach Orientierung nicht verwunderlich. Hier können Sie noch weitergehen:

Beispiel

Coach: „Wir bewerben zurzeit die Aktion XY. Was halten Sie davon, wenn ich zunächst einmal bei Ihren Telefonaten darauf achte, wie Sie die Kunden zu diesem Thema einladen, und dann bei den nächsten Kundengesprächen beobachte, wie Sie Cross-Selling-Möglichkeiten nutzen?"

Doch die Verführung für Coaches ist groß, vorzugsweise diese direktive Gesprächsführung anzuwenden, denn Sie können es besser steuern und es liegt geradezu in der Natur von Führungskräften, den Ton an- und die Richtung vorzugeben.

Deshalb hier einige Anregungen, wie Sie Coachees dazu motivieren, eigene Schwerpunkte zu nennen, denn je mehr diese involviert sind, desto höher ist die Erfolgsquote.

1. Andocken an die letzten Seminarerfahrungen

Beispiel

Coach: „Erinnern Sie sich an Ihre letzten Trainings: Was haben Sie davon mitgenommen? Welches Feedback haben Sie erhalten?

Coachee: „Ja, ich weiß noch genau, dass ich bei den Gesprächen immer wieder die Rückmeldung bekam, ich würde eine sehr angenehme Gesprächsatmosphäre schaffen und wirklich viel vom Kunden erfahren, aber ich käme einfach nicht zum Abschluss. Also das wäre ein wichtiger Punkt für mich."

2. Feedback von Kunden

Beispiel

Coach: „Haben Sie schon mal eine Rückmeldung von Ihren Kunden erhalten?"

Coachee: „Ja, manche bedanken sich richtig am Ende, weil sie ein gutes Gefühl mit der Lösung haben. Manche sind aber auch sehr skeptisch und sagen mir nach langem Hin und Her, dass sie sich das noch einmal überlegen müssen."

Coach: „Also einerseits gute Lösungsangebote, bei denen sich Kunden verstanden wissen, andererseits die Zögerer, die Sie nicht überzeugen konnten?"

Coachee: „Ja, genau. Es wäre gut, hier einen Schritt weiterzukommen."

Coach: „Gut, dann achte ich gerne erstens auf Ihre Argumentation und zweitens auf Ihren Umgang mit Einwänden, Vorbehalten usw. – In Ordnung?"

Meist helfen diese beiden Methoden, um den Mitwirkungsprozess beim Coachee in Gang zu bringen und ihn nicht in einer passiven Empfängerposition zu lassen. Folgende Checkliste hilft Ihnen, gemeinsam mit dem Coachee Schwerpunkte auszuwählen, und führt Ihnen die Bandbreite Ihrer Coachingmöglichkeiten vor Augen.

Checkliste für Beobachtungsschwerpunkte

1. Vertriebskenntnisse

Phasen des Verkaufsgesprächs:

- ▶ Gesprächseröffnung
- ▶ Bedarfsanalyse
- ▶ Übersetzung von Eigenschaften in Nutzen/Vorteile für den Kunden
- ▶ Einwandbehandlung
- ▶ Kaufsignale
- ▶ Nutzung von Demos, Teststellungen, Visualisierung, Prospekten
- ▶ Abschluss und weiteres Vorgehen
- ▶ Presales
- ▶ Aktionen
- ▶ Firmenphilosophie (zum Beispiel ganzheitliche Beratung, alles aus einer Hand)
- ▶ Cross- und Up-Selling
- ▶ After Sales

2. Service- und Lösungsorientierung

- ▶ Aktive Ansprache des Kunden
- ▶ Umgang mit mehreren Kunden
- ▶ Umgang mit Beschwerden
- ▶ Dienstleistungsbereitschaft
- ▶ Zuhören und Nachfragen
- ▶ Lösungsorientierung
- ▶ Verabschiedung des Kunden

3. Kommunikation

- ▶ Small Talk
- ▶ Fragetechnik
- ▶ Aktiv zuhören
- ▶ Verständlichkeit

- ► Beispiele, Metaphern
- ► Partnerschaftliche Ebene
- ► Umgang mit schwierigen Situationen
- ► Visualisierung
- ► Motivierender Stil
- ► Stimme/Sprechtempo
- ► Körpersprache:
  - – Blickkontakt
  - – Mimik
  - – Gestik
  - – Haltung

4. Fachkenntnisse
- ► Auswahl des Produktes/der Alternativen
- ► Produktkenntnisse
- ► Eisbergprinzip (viel wissen, aber Kunden nur die Spitze zeigen und bei Bedarf in die Tiefe gehen)
- ► Kiss-Prinzip: Keep it short and simple

Zu dieser Vielzahl an Schwerpunkten können im Laufe des Prozesses weitere spezifische Themen hinzukommen, die sich aus dem Individualcoaching ergeben. Darüber hinaus passiert es immer wieder im Coaching, dass dem Coach beispielsweise eine Marotte oder Eigenart des Coachees auffällt, die nicht zu den vorher vereinbarten Schwerpunkten gehört. Zögern Sie nicht, hier ins Feedback zu gehen, wenn Sie damit den „blinden Fleck" ein wenig reduzieren. Achten Sie jedoch darauf, dass Ihr Berater noch aufnahmebereit ist.

3.3 Fallbeispiele „Vorgespräch" und „Coachinggespräch"

Notieren Sie sich bitte bei dem folgenden Fallbeispiel, was Ihnen positiv oder negativ auffällt.

Fallbeispiel „Vorgespräch"

Coach: „Hallo Herr Schorm, das sogenannte ‚Coaching' haben wir ja schon besprochen ... – Wie fühlen Sie sich denn heute?"

Coachee: „Ja, das ist schon was anderes ..."

Coach: „Ist es Ihnen jetzt unangenehm oder nur etwas Neues?"

Coachee: „Na ja, es ist halt so ein komisches Gefühl."

Coach: „Das schaffen Sie schon, keine Sorge. – Um was geht es denn heute?"

Coachee: „Herr Kramer kommt, er ist noch nicht Kunde bei uns. Er will sich wegen einer Geldanlage beraten lassen."

Coach: „O.k., welche Ziele haben Sie für das Gespräch und wie haben Sie sich vorbereitet? Was setzen Sie an Beratungshilfen ein?"

Coachee: „Also ich will zunächst mal generell etwas von ihm erfahren, im Sinne unseres Gesamtbedarfsansatzes arbeiten und dann natürlich die diversen Anlagemöglichkeiten mit ihm besprechen."

Coach: „Gut. Auf was soll ich besonders achten? Vielleicht gibt es ja irgendetwas, von dem Sie sagen, das mache ich oft verkehrt oder das möchte ich ‚weghaben'?"

Coachee: „Manchmal fachsimple ich zu viel, ich will kein Fachchinesisch benutzen und nicht zu viel erzählen."

Coach: „Alles klar, dann notiere ich mir diese Punkte. – Wie wollen Sie mich vorstellen? Sie wissen ja, wenn Pausen auftreten, nicht dass Sie meinen, ich helfe Ihnen da. Ich möchte nicht, dass Sie mich da hineinziehen."

Coachee: „Aber der Kunde wundert sich vielleicht ..."

Coach: „Sagen Sie ihm einfach, ich bin als Kollege/Teamleiter dabei, damit wir unsere Beratungsqualität verbessern. – So, dann wünsche ich Ihnen viel Erfolg!"

Wie sieht Ihr Resümee aus? Wie beurteilen Sie dieses Gespräch auf einer Skala von 1 (extrem schlecht) bis 10 (optimal)?

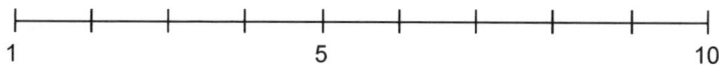

|———|———|———|———|———|———|———|———|———|

1   5   10

Abbildung 12: Bewertungsskala

Im folgenden Kommentar zeigen wir, dass es zwar einige negative Punkte zu bemängeln gibt, aber auch einige positive Ansätze vorhanden sind.

Wer das Gespräch auf der Skala 1 (schlecht) ansiedelt, urteilt außerordentlich kritisch, übersieht jedoch dabei die positiven Ansätze. Eine realistische Einschätzung liegt ungefähr bei 3 bis 4. Wirklich perfekte Gespräche (10), wie unsere Bewertungsskala es suggeriert, gibt es in den seltensten Fällen in der Praxis! (vgl. Haas u. v. Troschke, 2007, S. 73)

Kommentar zum Fallbeispiel „Vorgespräch"

Coach: „Hallo Herr Schorm, das sogenannte ‚Coaching' haben wir ja schon besprochen ... – Wie fühlen Sie sich denn heute?"

Kurzer Einstieg. Das Coaching scheint dem Coach selbst noch suspekt zu sein, mit dem Wort „sogenannt" distanziert er sich unbewusst davon. Er vermittelt das Gefühl, dass er nicht mehr darüber diskutieren will.

Positiv: Interesse an der Stimmungslage des Coachees.

Coachee: „Ja, das ist schon was anderes ..."

Setzt an, seine Bedenken zu äußern.

Coach: „Ist es Ihnen jetzt unangenehm oder nur etwas Neues?"

Negativ: Unterbricht, ohne genau die Bedenken zu kennen.

Positiv: Hakt mit Konkretisierungsfragen nach, lässt aber nur zwei Möglichkeiten zu. Besser: offene Fragen.

Coachee: „Na ja, es ist halt so ein komisches Gefühl."

Coach: „Das schaffen Sie schon, keine Sorge. – Um was geht es denn heute?"

Positiv: Ermutigende Haltung. Offene Frage zum Kundenfall.

Negativ: Wegwischen der Skepsis, ohne zu wissen, worin das Unbehagen besteht.

Coachee: „Herr Kramer kommt, er ist noch nicht Kunde bei uns. Er will sich wegen einer Geldanlage beraten lassen."

Coach: „O.k., welche Ziele haben Sie für das Gespräch und wie haben Sie sich vorbereitet? Was setzen Sie an Beratungshilfen ein?

Negativ: Kettenfragen – viele auf einmal, ohne die Antwort abzuwarten. Gefahr, dass keine Frage konkret beantwortet wird.

Positiv: Gute Fragen, die eine zielorientierte Vorbereitung abchecken.

Coachee: „Also ich will zunächst einmal generell etwas von ihm erfahren, im Sinne unseres Gesamtbedarfsansatzes arbeiten und dann natürlich die diversen Anlagemöglichkeiten mit ihm besprechen."

Entsprechend „global-galaktisch" fällt die Antwort aus. Sie ist gefällig (Orientierung an der Firmenphilosophie „Gesamtbedarfsansatz" und am vertrieblich relevanten Aspekt „Anlagemöglichkeiten"), aber nichtssagend. Kein konkretes Ziel, keine klare Beantwortung der Fragen.

Coach: „Gut. Auf was soll ich besonders achten? Vielleicht gibt es ja irgendetwas, von dem Sie sagen, das mache ich oft verkehrt oder das möchte ich „weghaben"?

Negativ: Gibt sich damit zufrieden, hinterfragt nicht.

Positiv: Beobachtungsschwerpunkte erfragt.

Negativ: Es entsteht der Eindruck, Coaching solle etwas „wegmachen"; einseitig, lenkt den Fokus des Beraters zu stark auf etwas Negatives, das er laut selbsterfüllender Prophezeiung womöglich im Beratungsgespräch dann besonders stark beachtet und benutzt.

Coachee: „Manchmal fachsimple ich zu viel, ich will kein Fachchinesisch benutzen und nicht zu viel erzählen."

Klare Hinweise. Hier ist es wichtig für den Coach, die negativen Formulierungen in positive Ziele umzuwandeln („kein Fachchinesisch" – „Ihnen ist wichtig, dass Sie allgemeinverständlich die Anlagemöglichkeiten erklären")

Coach: „Alles klar, dann notiere ich mir diese Punkte. – Wie wollen Sie mich vorstellen? Sie wissen ja, wenn Pausen auftreten, nicht dass Sie meinen, ich helfe Ihnen da. Ich möchte nicht, dass Sie mich da hineinziehen."

Positiv: Notiert sich die Themen und klärt die Vorstellung beim Kunden.

Negativ: Bezüglich der Situation beim Kunden und möglichen „Hängern" nicht nutzenorientiert, sondern ich-bezogen argumentiert.

Coachee: „Aber der Kunde wundert sich vielleicht ..."

Coach: „Sagen Sie ihm einfach, ich bin als Kollege/Teamleiter dabei, damit wir unsere Beratungsqualität verbessern. – So, dann wünsche ich Ihnen viel Erfolg!"

Negativ: Lässt erneut den Berater nicht aussprechen.

Positiv: Lösungsangebot, Argumentationshilfe. Ermutigung für das Gespräch.

So kann sich eine optimierte Variante des Vorgesprächs anhören:

Optimierte Variante des Fallbeispiels „Vorgespräch":

Coach: „Hallo Herr Schorm, wir haben ja vor Kurzem ausführlich über die Einführung von Vertriebscoaching bei uns gesprochen. Jetzt ist es soweit, ich freue mich darauf – was erwarten Sie sich davon?"

Coachee: „Das ist schon etwas anderes, wenn Sie jetzt plötzlich dabeisitzen."

Coach: „Ja, das verstehe ich gut. Was kann ich tun, damit es Ihnen im Gespräch gut geht?"

Coachee: „Na ja, es ist halt so ein komisches Gefühl. Also mir wäre lieb, wenn wir nicht zu viel Blickkontakt haben, sonst schaue ich ständig zu Ihnen hin."

Coach: „Ja, das ist auch wichtig. Ich setze mich so, dass weder Sie noch der Kunde mich besonders wahrnehmen. – Um was geht es denn heute?"

Coachee: „Herr Kramer kommt, er ist noch nicht Kunde bei uns. Er will sich wegen einer Geldanlage beraten lassen."

Coach: „O.k., welche Ziele haben Sie für das Gespräch?"

Coachee: „Ich will zunächst einmal generell etwas von ihm erfahren und dann natürlich die diversen Anlagemöglichkeiten mit ihm besprechen."

Coach: „Also halten wir zwei Ziele fest: Erstens allgemeine Informationen über den Kunden und zweitens die diversen Anlagemöglichkeiten ‚besprechen', was heißt das genau für Sie?"

Coachee: „Am liebsten würde ich natürlich schon gleich einen Abschluss machen, aber ich weiß nicht, ob ich das schaffe."

Coach: „Um welche Anlagesumme geht es denn?"

Berater: „Das weiß ich leider nicht genau."

Coach: „Heißt also für die Zukunft: genauer nachfragen im Vorfeld. Dann haben Sie den Vorteil, sich besser vorbereiten zu können."

Coachee: „Manche wollen das nicht so genau sagen."

Coach: „Da haben Sie Recht, die wollen uns ja auch prüfen. Was könnten Sie tun, um dem Kunden die Vorteile eines gut vorbereiteten Beraters zu vermitteln?"

Coachee: „Ich hätte ihm sagen können: ‚Damit wir die Zeit bestmöglich nutzen, brauche ich ein paar Vorabinformationen, um schon einmal ein paar Angebote vorzubereiten.'"

Coach: „Ja, gute Idee. Halten wir das fest für das nächste Mal. Nun zu heute: Auf was soll ich besonders achten?

Coachee: „Manchmal fachsimple ich zu viel, ich will kein Fachchinesisch benutzen und nicht zu viel erzählen."

Coach: „O.k., Sie wollen also allgemeinverständlich formulieren und sich kurz fassen. Dann notiere ich mir diese Punkte. – Wie wollen Sie mich vorstellen?"

Coachee: „Ich dachte, Sie machen das."

Coach: „Besser ist es, Sie haben das Heft in der Hand und ich verhalte mich so unauffällig wie möglich. Dann ist ganz klar, Sie haben die Regie. Sagen Sie ihm einfach, ich bin als Kollege/Teamleiter dabei, damit wir unsere Beratungsqualität verbessern. – So, dann wünsche ich Ihnen viel Erfolg!"

Auf die Wiedergabe des Kundengesprächs verzichten wir an dieser Stelle und wenden uns direkt dem Hauptgespräch zu. Denn wichtig ist vor allem, dass Sie ein gutes Gefühl dafür entwickeln, wie welche Fragen und Interventionen wirken und wie Sie erfolgreiche von weniger erfolgreichen Fragen unterscheiden.

Notieren Sie sich jeweils unter den Aussagen, was Ihnen gut und was Ihnen weniger gut gefällt.

Fallbeispiel „Coachinggespräch"

Coach: „Na, wie haben Sie das Gespräch empfunden? Was ist gut gelaufen und was hätten Sie gerne anders gemacht?"

Coachee: „Naja, es hat natürlich viel zu lange gedauert und mein Ziel, die diversen Anlagemöglichkeiten zu erläutern, habe ich auch nicht erreicht. Also im Großen und Ganzen bin ich nicht so recht zufrieden. Weiß auch nicht, woran es lag ..."

Coach: „Nana, nun machen Sie sich mal nicht so runter, irgendwas Positives wird es doch wohl gegeben haben?"

Coachee: „Ja gut, ich habe natürlich einiges von ihm erfahren – Beruf, Familienstand, finanzielle Situation und er hat sein Girokonto hier eröffnet."

Coach: „Sehen Sie! So schlecht war es doch gar nicht. Und Ihr Fachchinesisch hielt sich auch in Grenzen. Doch sehen wir uns das Ganze der Reihe nach an. Erinnern Sie sich an den Start des Gesprächs?"

Coachee: „Ja, es fing ganz locker an, indem ich ihn fragte, ob er neu hier ist und woher er kommt. Und er erzählte mir dann ewig lang von seiner Heimatstadt München."

Coach: „Stimmt, das war ein guter Eisbrecher. Aber es dauerte tatsächlich ziemlich lange. Warum konnten Sie ihn da nicht etwas bremsen?"

Coachee: „Ich kann ihm doch nicht ins Wort fallen und sagen, jetzt kommen wir mal zur Sache. Sie wollen doch eine Geldanlage machen, oder?!"

Coach: „Nein, natürlich nicht, aber ich hätte vom teuren Pflaster München die Brücke zur Anlage geschlagen. Sie sind ein bisschen zu zurückhaltend und vertun damit wertvolle Zeit. Also halten wir fest: ein bisschen Small Talk ist in Ordnung, aber nach zwei bis drei Minuten ist es genug. – Als Sie schließlich zum Thema ‚Anlage' kamen, haben Sie da verstanden, was der Kunde wollte?"

Coachee: „Ich glaube schon, er hatte schon mal Geld durch Aktienanlagen verloren und wollte deswegen garantierten Kapitalerhalt. Deshalb habe ich ihm ja unseren Garantiefonds vorgeschlagen."

Coach: „Stimmt, das war auch eine gute Idee. Haben Sie ihn mal gefragt, ob er nicht auch etwas zur Absicherung seiner Familie tun will? Dann hätten sich ja noch andere Möglichkeiten angeboten... "

Coachee: „Ich habe ihn doch gefragt, aber er sagte, er habe da schon genügend getan."

Coach: „Stimmt, Sie haben Recht, hier steht es. Das hatte ich vergessen. Aber warum haben Sie nicht nachgefragt, was genau er schon zur Absicherung unternommen hat. Wäre doch nützlich gewesen, oder?!"

Coachee: „Ja, aber ich wollte doch zum Abschluss kommen und er wirkte sehr interessiert an meinem Angebot, da wollte ich ihn nicht auf ein ganz anderes Gleis lenken."

Coach: „Sie sind eben manchmal zu fixiert auf eine Lösung. Aber ich bin optimistisch, dass es das nächste Mal zum Abschluss kommt. Also ziehen wir ein Fazit: Was wollen Sie das nächste Mal anders machen? Was nehmen Sie sich vor?"

Coachee: „Ich werde den Einstieg schneller gestalten und versuchen, Stichworte zu nutzen, um zum Thema zu kommen. Außerdem will ich den Abschluss besser vorbereiten. Aber da weiß ich noch nicht genau, wie."

Coach: „Haben Sie ihm denn direkt die Abschlussfrage gestellt?"

Coachee: „Nicht so direkt. Ja, das wäre es wohl. Also das probiere ich beim nächsten Mal."

Coach: „Schön, wenn Sie beides schaffen, ist das ja schon ein toller Fortschritt. Den nächsten Termin haben wir schon festgelegt, dann bleibt mir nur, Ihnen viel Erfolg bei der Umsetzung zu wünschen!"

Kommentar zum Fallbeispiel „Coachinggespräch"

Coach: „Na, wie haben Sie das Gespräch empfunden? Was ist gut gelaufen und was hätten Sie gerne anders gemacht?"

Lockerer Einstieg. Kettenfrage, besser: Pause nach der ersten Frage und zuhören.

Coachee: „Na ja, es hat natürlich viel zu lange gedauert und mein Ziel, die Anlage, habe ich auch nicht erreicht. Also im Großen und Ganzen bin ich nicht so recht zufrieden. Weiß auch nicht, woran es lag ..."

Resümee eher negativ, ist sich über die Ursachen nicht im Klaren. Ansatz zum Nachhaken.

Coach: „Nana, nun machen Sie sich mal nicht so runter, irgendwas Positives wird es doch wohl gegeben haben?"

Geht auf Zweifel nicht ein, versucht zu verharmlosen.

Positiv: Ermutigt dazu, das Gespräch nicht zu einseitig zu betrachten. Negativ: geschlossene Suggestivfrage, „irgendwas ... doch wohl gegeben haben?"

Coachee: „Ja gut, ich habe natürlich einiges von ihm erfahren – Beruf, Familienstand, finanzielle Situation und er hat sein Girokonto hier eröffnet."

Coach: „Sehen Sie! So schlecht war es doch gar nicht. Und Ihr Fachchinesisch hielt sich auch in Grenzen. Doch sehen wir uns das Ganze der Reihe nach an. Erinnern Sie sich an den Start des Gesprächs?"

Klingt ein wenig von oben herab, gönnerhaft.

Besser: mehr echte Anerkennung zeigen. Zu früh ins Feedback („Fachchinesisch"). Gut: besinnt sich und bringt Struktur in das Gespräch. Dann leider geschlossene Frage.

Coachee: „Ja, es fing ganz locker an, indem ich ihn fragte, ob er neu hier ist und woher er kommt. Und er erzählte mir dann ewig lang von seiner Heimatstadt München."

Wieder die Unzufriedenheit („ewig lang") herauszuhören, hier Unterstützung auf der Suche nach Lösungen wichtig.

Coach: „Stimmt, das war ein guter Eisbrecher. Aber es dauerte tatsächlich ziemlich lange. Warum konnten Sie ihn da nicht etwas bremsen?"

Positiv: schöne Bestätigung mit Hinweis auf die Funktion eines längeren Einstiegs („Eisbrecher"). Dann jedoch durch das verstärkende Feedback mit anklagender Warum-Frage zunichtegemacht.

Besser: weniger Feedback, mehr offene Fragen.

Coachee: „Ich kann ihm doch nicht ins Wort fallen und sagen, jetzt kommen wir mal zur Sache. Sie wollen doch eine Anlage machen, oder?!"

Fühlt sich angegriffen und verteidigt sich, dramatisiert leicht ins Ironische.

Coach: „Nein, natürlich nicht, aber ich hätte vom teuren Pflaster München die Brücke zur Anlage geschlagen. Sie sind ein bisschen zu zurückhaltend und vertun damit wertvolle Zeit. Also halten wir fest: ein bisschen Small Talk ist in Ordnung, aber nach zwei bis drei Minuten ist es gut. – Als Sie schließlich zum Thema „Anlage" kamen, haben Sie da verstanden, was der Kunde wollte?"

Hat eine Antwort parat. Es geht jedoch nicht darum, was der Coach gemacht hätte, sondern darum, wie der Coachee sinnvoll hätte reagieren können. Verführung: „ich hätte ..."- Die Sie-Botschaft: „Sie sind ein bisschen zu zurückhaltend ..." drückt dem Coachee ein Label auf.

Fazit eher chef- als coachmäßig, klingt eher nach Order.

Positiv: das Ansprechen des zweiten Schwerpunktes. Besser: offene Frage.

Coachee: „Ich glaube, er hatte schon mal Geld durch Aktienanlagen verloren und wollte deswegen garantierten Kapitalerhalt. Deshalb habe ich ihm ja unseren Garantiefonds vorgeschlagen."

Coach: „Stimmt, das war auch eine gute Idee. Haben Sie ihn mal gefragt, ob er nicht auch etwas zur Absicherung seiner Familie tun will? Dann hätten sich ja noch andere Möglichkeiten angeboten ... "

Bestätigung

Negativ: lenkende geschlossene Suggestivfragen.

Coachee: „Ich habe ihn doch gefragt, aber er sagte, er habe da schon genügend getan."

Beginnt sich wieder zu verteidigen.

Coach: „Stimmt, Sie haben Recht, hier steht es. Das hatte ich vergessen. Aber warum haben Sie nicht mal nachgefragt, was genau er schon zur Absicherung unternommen hat. Wäre doch nützlich gewesen, oder?!"

Positiv: kann auch eigene Fehler zugeben. Dann gleich wieder zur erneuten Anklage: („Aber warum ..."), Suggestivfrage („... doch nützlich ..., oder?!").

Coachee: „Ja, aber ich wollte doch zum Abschluss kommen und er wirkte sehr interessiert an meinem Angebot, da wollte ich ihn nicht auf ein ganz anderes Gleis lenken."

„Ja, aber-Spiel." Verteidigt sich.

Coach: „Sie sind eben manchmal zu fixiert auf eine Lösung. Aber ich bin optimistisch, dass es das nächste Mal zum Abschluss kommt. Also ziehen wir ein Fazit: Was wollen Sie das nächste Mal anders machen? Was nehmen Sie sich vor?"

Wieder Verurteilung der Person („Sie sind ..."), statt über Verhalten zu sprechen. Positiv: Bestärkung und offene Frage nach dem Fazit.

Coachee: „Ich werde den Einstieg schneller gestalten und versuchen, Stichworte zu nutzen, um zum Thema zu kommen. Außerdem will ich den Abschluss besser vorbereiten. Aber da weiß ich noch nicht genau, wie."

Coach: „Haben Sie ihm denn direkt die Abschlussfrage gestellt?"

Suggeriert eigene Meinung und Feedback.

Coachee: „Nicht so direkt. Ja, das wäre es wohl. Also das probiere ich beim nächsten Mal."

Knickt ein und bestätigt Einschätzung. Zeigt guten Willen.

Coach: „Schön, wenn Sie beides schaffen, ist das ja schon ein toller Fortschritt. Den nächsten Termin haben wir schon festgelegt, dann bleibt mir nur, Ihnen viel Erfolg bei der Umsetzung zu wünschen!"

Fasst zusammen, ermutigt. Die Chance, nach konkreten Maßnahmen zu fragen, nicht genutzt.

Gut: Nächster Termin bereits festgelegt, zeigt gute Planung.

Optimierte Variante zum Fallbeispiel „Coachinggespräch"

Coach: „Wenn Sie das Gespräch jetzt Revue passieren lassen, wie beurteilen Sie es?"

Coachee: „Na ja, es hat natürlich viel zu lange gedauert und mein Ziel, die Anlage, habe ich auch nicht erreicht. Also im Großen und Ganzen bin ich nicht so recht zufrieden. Weiß auch nicht, woran es lag ... – das war aber auch ein mitteilsamer Kunde."

Coach: „Das ist ja im Prinzip ganz gut, weil Sie dadurch einen guten Kontakt aufbauen können und viel erfahren. Und ich sehe das durchaus auch als Stärke von Ihnen, denn Kunden öffnen sich nicht jedem so. – Sie haben schon angesprochen, was weniger gut gelaufen ist, womit waren Sie zufrieden?"

Coachee: „Ja gut, ich habe natürlich einiges von ihm erfahren – Beruf, Familienstand, finanzielle Situation und er hat sein Girokonto hier eröffnet."

Coach: „Stimmt, Ihr erstes Ziel, allgemeine Informationen zu erhalten, haben Sie sehr gut erreicht, und Glückwunsch zur Kontoeröffnung, denn das zeigt, dass Sie sein Vertrauen in uns wecken konnten. Doch sehen wir uns das Ganze der Reihe nach an. Sie sagten, Sie hätten das Gespräch gerne etwas kürzer geführt, an welchen Stellen empfanden Sie Längen?"

Coachee: „Ja, es fing ganz locker an, indem ich ihn fragte, ob er neu hier ist und woher er kommt. Und er erzählte mir dann ewig lang von seiner Heimatstadt München."

Coach: „Wo sind vielleicht noch Längen entstanden, ich erinnere mich, dass Sie mich im Vorgespräch baten, darauf zu achten, dass **Sie** sich kurz fassen?

Coachee: „Na ja, das Angebot zur Anlage war vielleicht auch etwas zu ausführlich."

Coach: „O.k., wir haben also zwei Situationen. Bei der ersten geht es darum, den Kunden etwas zu bremsen, und in der zweiten, sich selbst etwas kürzer zu fassen. Was hilft Ihnen, wenn Sie jemanden in seinem Redefluss unterbrechen wollen?

Coachee: „Ich hake ein, manchmal nehme ich auch ein Blatt Papier zur Hand, um die Aufmerksamkeit des Kunden darauf zu ziehen, und ich werde dann meist selbst etwas einsilbig."

Coach: „Gute Ideen, lassen Sie es uns doch einfach mal ausprobieren. Ich versetze mich in den Kunden und erzähle und Sie bremsen mich, in Ordnung?"

Sie spielen ein paar Varianten durch, bis eine für den Coachee stimmig ist (mehr dazu in Abschnitt 5.2).

Coachee: „Prima, jetzt fühle ich mich sicherer. Denn ich will den Kunden einerseits nicht verärgern, aber andererseits auch effektiv sein."

Coach: „Genau, jetzt fragt sich nur noch: Wie fassen Sie sich selbst kurz und allgemeinverständlich? Da war ja noch der Punkt mit der Fachsimpelei ..."

Coachee: „Auf einfache Begriffe habe ich geachtet, aber ich könnte das Thema noch kürzer auf den Punkt bringen. Nur will ich den Kunden eben auch umfassend beraten."

Coach: „Das verstehe ich gut. – Stellen Sie sich einmal vor, Sie sind beim Arzt und der erklärt Ihnen ausführlich, was die Forschung zu Ihrer Krankheit sagt, welche Behandlungsmöglichkeiten es gibt, welche Risiken sie bergen und vieles mehr. – Was würden Sie sich wünschen?"

Coachee: „Dass mir der Arzt erklärt, was ich habe und welche Therapie er vorschlägt."

Coach: „Genau, er ist der Experte, dem Sie vertrauen. So wie wir die Experten in Geldanlagen sind. Was meinen Sie?"

Coachee: „Ja, so betrachtet, richtig. Ich brauche einfach im Vorfeld mehr Informationen, wie wir es besprochen haben, und dann kann ich ihm auch zielgerichteter eine Lösung präsentieren und vielleicht noch eine Alternative parat haben. Aber erst einmal abwarten, was er dazu sagt."

Coach: „Ja, das ist der springende Punkt. Wie können Sie das herausfinden?"

Coachee: „Ich muss ihn fragen, da bin ich aber oft unsicher, damit ich mir nicht frühzeitig eine Abfuhr einhandele."

Coach: „Wie können Sie denn seine Zustimmung antesten?"

Coachee: „Vielleicht, indem ich immer wieder mal ein kurzes Fazit ziehe und mich bei ihm rückversichere."

Coach: „Das ist ein guter Weg, was noch?"

Coachee: „Hmm, da fällt mir jetzt so spontan nichts ein. Haben Sie noch eine Idee?"

Coach: „Ich habe die Erfahrung gemacht, dass die Körpersprache mir schon früh zeigt, ob jemand mitgeht oder innerlich mein Angebot ablehnt, etwa durch ein Kopfnicken oder Zurücklehnen ... Ist Ihnen das auch schon einmal aufgefallen?"

Coachee: „Natürlich."

Coach: „Wenn Sie das beobachten, dann finden Sie auch das richtige Timing, um die Abschlussfrage zu stellen."

Coachee: „Ja, das zögere ich gerne hinaus."

Coach: „Was ist denn der ‚Worst Case', wenn Sie fragen?"

Coachee: „Dass der Kunde ‚nein' sagt."

Coach: „Genau und ein ‚Nein' bedeutet nicht, dass Sie draußen sind. Es bedeutet nur, dass irgendetwas noch nicht passt und Sie noch einmal nachfragen müssen."

Coachee: „Da ist was dran."

Coach: „Fassen wir zusammen: Was nehmen Sie aus dem heutigen Coaching mit?"

Coachee: „Einerseits den Mut zu haben, elegant zu unterbrechen, oder einfach eher geschlossene Fragen zu stellen, wenn ich einen ‚Vielredner' vor mir habe. Dann im Vorfeld vom Kunden Informationen einzuholen und mir für meine Vorgehensweise immer wieder eine Rückbestätigung geben zu lassen. ... Da war noch was, ach ja, auf die Körpersprache achten und dann konkret die Abschlussfrage stellen."

Coach: „Gut, diese sechs Punkte habe ich für Sie mitgeschrieben. Die ersten beiden gelten für den ‚Vielredner', die anderen vier sind generell wichtig. Was werden Sie wann angehen?"

Coachee: „Für die Fragen im Vorfeld hole ich wieder einmal meine alte Checkliste hervor, die lege ich mir gut sichtbar neben das Telefon. Bei den nächsten Angeboten kann ich ja mit einem Kollegen mal eine Trockenübung machen. Ich fand es vorhin mit Ihnen ganz hilfreich, das einfach mal durchzuspielen. Die ersten zwei Punkte werde ich nur bei Bedarf einsetzen, denn Sie sagten ja auch, eigentlich ist es eine Stärke von mir, die Leute zum Reden zu bringen."

Coach: „Absolut. Mein Tipp: notieren Sie einfach nach den nächsten Gesprächen die Dauer und das Ergebnis. Das vermittelt ein gutes Gefühl dafür, wie effektiv es war. – Beim nächsten Mal schauen wir uns an, was Sie wie umgesetzt haben, einverstanden? – Dann brauchen wir nur noch einen neuen Termin."

Coachee: „Nächste Woche habe ich ein etwas schwieriges Gespräch. Da hätte ich Sie gerne dabei, am 27.06. um 11 Uhr, geht das?"

Coach: „Ja, das geht. Ab 10.30 Uhr setzen wir uns zusammen. Schön, dann wünsche ich Ihnen viel Erfolg bei Ihren nächsten Gesprächen!"

Dieses Fallbeispiel veranschaulicht die wichtigsten Schritte eines Coachinggespräches. Es wurde zur besseren Lesbarkeit etwas gekürzt.

Gesagt ist nicht gehört.
Gehört ist nicht zugehört.
Zugehört ist nicht verstanden.
Verstanden ist noch lange nicht einverstanden.

3.4 Klassische Fehler

Aller Anfang beim Coaching ist schwer, aber auch schön. Sie betreten neues Terrain, und wir garantieren Ihnen, es wird Ihnen Spaß machen, Ihre Mitarbeiter auf diese Weise zu fordern und zu fördern. Verlangen Sie nicht zu viel auf einmal von sich, oft steht der eigene Perfektionismus im Wege, und Sie sorgen so für Frustration bei sich selbst. Um Ihnen zu helfen, unnötige „Fettnäpfchen" zu vermeiden und Ihnen den Start zu erleichtern, stellen wir Ihnen in diesem Kapitel die klassischen Fehler vor, durch die Sie Ihre Mitarbeiter als Coach verstimmen können:

Klassische Fehler	Beispiele
1. „Abfragen" (Inquisition)	„Was macht ein guter Berater in so einem Fall?!" ... „Genau und warum haben Sie es nicht gemacht?"
2. Suggestivfragen	„Haben Sie denn nicht bemerkt, dass ..."
3. Du-Botschaften	„Sie sind zu zurückhaltend."
4. „Ja, aber"-Spiel	„Ja, aber Sie haben den Kunden gar nicht ausreden lassen."
5. Vermutungen	„Wahrscheinlich waren Sie nicht genügend vorbereitet."
6. Warum-Fragen	„Warum haben Sie denn diese Lösung angeboten?!"
7. Alternativfragen: entweder – oder	„Konnten Sie oder wollten Sie nicht zum Abschluss kommen?"
8. Geschlossene Fragen	„Haben Sie an die Absicherung der Familie gedacht?"
9. Belehren, schulmeistern	„Denken Sie doch mal nach: Nur mit offenen Fragen bekommen Sie Informationen."
10. Vorhaltungen machen	„Nie haben Sie den Kunden mit Namen angesprochen."

Ein Kardinalfehler sind die sogenannten „Du-Botschaften". Das sind Aussagen, in denen ich meinem Gegenüber ein Etikett überstülpe („Du bist zu forsch, zu langsam" etc.), statt meine subjektive Wahrnehmung als eine mögliche Sichtweise entsprechend zu kommunizieren.

Übung 2:

Formulieren Sie folgende Du-Aussagen in Ich-Aussagen um

Beispiel:

Sie irren sich ... <u>Das sehe ich anders. Worauf gründet sich Ihre Ansicht?</u>

Sie haben mich völlig missverstanden ... ———————————

Sie können doch nicht ... ———————————

Bitte bleiben Sie sachlich ... ———————————

Sie sind zu langsam ... ———————————

Sie sind ein Perfektionist ... ———————————

Lösungsvorschläge siehe S. 167.

Wie unterschiedlich zwei verschiedene Sichtweisen sein können und dass jede ihre Berechtigung hat, zeigen besonders anschaulich die folgenden sogenannten multistabilen Bilder oder Vexierbilder.

Abbildung 13: Multistabile Wahrnehmung

Oft ist es wichtiger, darauf zu achten, wie man es sagt, statt was man sagt.

Fazit:

Beim Coaching geht es nicht um „Recht-Haben", sondern um das gemeinsame Ziel des vertrieblichen Erfolgs. Dafür und für eine bewusste, partnerschaftliche Kommunikation sind die Gesprächsleitfäden für Vor- und Hauptgespräch nützlich.

Verlorene Zähne

Ein Sultan hatte geträumt, er verliere alle Zähne. Gleich nach dem Erwachen fragte er einen Traumdeuter nach dem Sinn des Traumes. „Ach, welch ein Unglück, Herr!", rief dieser aus. „Jeder verlorene Zahn bedeutet den Verlust eines Deiner Angehörigen!" – „Was, du frecher Kerl", schrie ihn der Sultan wütend an, „was wagst du mir zu sagen? Fort mit Dir!" Und er gab den Befehl: „50 Stockschläge für diesen Unverschämten!"

Ein anderer Traumdeuter wurde gerufen und vor den Sultan geführt. Als er den Traum erfahren hatte, rief er: „Welch ein Glück! Welch ein großes Glück! Unser Herr wird alle die Seinen überleben!" Da heiterte sich des Sultans Gesicht auf, und er sagte: „Ich danke Dir, mein Freund. Gehe sogleich mit meinem Schatzmeister und lasse Dir von ihm 50 Goldstücke geben."

Auf dem Weg sagte der Schatzmeister zu ihm: „Du hast den Traum des Sultans doch nicht anders gedeutet als der erste Traumdeuter!" Mit schlauem Lächeln erwiderte der kluge Mann: „Merke Dir, man kann vieles sagen; es kommt nur darauf an, wie man es sagt!"

(Lasko, 1996, S. 144)

4. Nützliche Coachinginstrumente

In diesem Kapitel lernen Sie vier wichtige Coachinginstrumente kennen, die Ihnen Ihre ersten Coachinggespräche erleichtern sollen: Zieldefinition, Fragetechniken, Spiegeltechnik und Maßnahmenvereinbarung.

1. Die klare Zieldefinition im Vorgespräch hilft Coach und Coachee, sich zu fokussieren. Denn wenn man nicht weiß, wohin der Coachee eigentlich wollte, muss man sich nicht wundern, wenn man nirgendwo ankommt.

2. Wertvolle Fragentechniken für Ihren Job als „Fragenprofi" und einen ausführlichen Fragepool mit vielen Anregungen sowohl für das Vor- als auch das Hauptgespräch finden Sie im Anhang. Ihre Fähigkeit, während des gesamten Coachingprozesses intelligente Fragen zu stellen, bestimmt die Qualität des Coaching. Wer fragt, führt!

3. Mit der Spiegeltechnik können Sie im Coachinggespräch dem Coachee eine Situation oder ein Verhalten spiegeln, damit er mit Ihnen gemeinsam von außen darauf schauen und so mit der nötigen Distanz Lösungen erarbeiten kann.

4. Ohne Maßnahme kein Coaching. Aber wie vereinbaren Sie mit Ihrem Coachee konkrete Maßnahmen, die machbar und verbindlich sind? Unterstützen Sie den Coachee am Ende des Coachinggesprächs, selbst aktiv zu werden und das Gelernte nun „auf die Straße zu bringen".

4.1 Zieldefinition

Es ist sehr hilfreich, die Coachinggespräche in einen übergeordneten Zielkontext zu stellen. Wenn Sie also mit Zielvereinbarungen arbeiten, können Sie diese nutzen, um mit Ihrem Vertriebsmitarbeiter im

Vorgespräch gemeinsam daraus Teilziele abzuleiten. Aus diesen Teilzielen wiederum kann der Coachee seine jeweiligen Gesprächsziele definieren.

Beispiel

Zu den Zielvereinbarungen einer Pharmareferentin gehörte die Aufgabe, ein neu entwickeltes Diabetesmedikament in der ihr zugeteilten Region den Fachärzten vorzustellen und eine Zahl x an Empfehlungen zu erzielen. Die Teilziele waren:

1. Auswahl der relevanten Fachärzte in der Region bis ..... (Datum).

2. Mailingaktion (Zeitraum)

3. Terminierung von fünf Facharztbesuchen pro Woche (neben der Bestandskundenpflege)

4. Erzielung einer Empfehlungsquote von x Prozent (bis Jahresende)

Ein Gesprächsziel zur Terminierung von Arztbesuchen lautete: „Ich erreiche es, beim Arzt so viel Interesse wie möglich für die Vorteile und das Neuartige des Medikaments zu wecken und so wenig Information wie nötig bereits am Telefon zu geben, damit er zu einem persönlichen Gespräch bereit ist." Darauf basierte die daraus entwickelte Gesprächsstrategie.

Es reicht nicht aus, ein „Endziel" zu definieren, sondern wir benötigen klar definierte „Leistungsziele". Das Endziel liegt nämlich nicht immer in unserer alleinigen Verantwortung, während „Leistungsziele" die einzelnen Schritte bestimmen, die weitgehend von uns selbst kontrolliert werden können.

Dazu ein Beispiel aus dem Sport: „Das Fehlen eines Leistungsziels war im Wesentlichen der Grund für die bekannte Bestürzung, die Großbritannien bei der Olympiade 1968 erlebte. Der Waliser Lynn Davies hatte 1964 die Goldmedaille im Weitsprung gewonnen. Man erwartete, dass er, der Russe Igor Terovanesyan und Ralph Boston, der amerikanische Meister, die Medaillen unter sich ausmachen würden. Doch es kam anders. Bob Beamon, ein völlig unberechenbarer Amerikaner, übertraf bereits im ersten Durchgang den bis dahin gültigen Weltredkord um mehr als sechzig Zentimeter. Wenn man bedenkt, dass der Weltrekord seit 1936 nur um fünfzehn Zentimeter verbessert worden war, war dies wirklich eine ungeheure Leistung. Davies, Boston und Terovanesyan waren völlig demoralisiert.(...) Davies, der gut dreißig Zentimeter unter seiner Bestmarke lag, räumte ein, dass er sich nur auf Gold konzentriert hatte. Wenn er sich ein Leistungsziel oder eine persönliche Bestmarke von, sagen wir, 8,20 Meter gesetzt und diese angepeilt hätte, hätte er die Silbermedaille gewonnen." (Whitmore, 1995, S. 62)

Welche Kriterien sollte ein Ziel im Vertriebscoaching erfüllen?

Nutzen Sie die SMART-Formel:

Ziele sollten ...

▶ **S** = Spezifisch

▶ **M** = Messbar

▶ **A** = Anspruchsvoll und attraktiv

▶ **R** = Realistisch und

▶ **T** = Terminiert sein.

Wie formuliert man ein smartes persönliches Ziel?

> Zum Beispiel durch „Management-by-3M"?

> „Man müsste mal wieder – mehr Abschlüsse machen."

So nicht! – Wie dann?

> „Ich erziele bei 30 Gesprächen zum Thema „Altersvorsorge" eine Abschlussquote von x und erreiche damit mein Ziel von € xyz bis zum Ende des ersten Quartals."

„Ziele sind konkretisierte, quantifizierte und terminierte Visionen. Sie sind an der Realität orientiert und sollten immer auf einen überschaubaren Zeitraum bezogen werden." (Koch/Hilgenstöck/Brockmann, 2001, S. 166)

Übung 3: Formulieren Sie folgende Aussagen in SMARTE Ziele um

1. Ich will meine Kunden zu Beginn des Gesprächs mehr begeistern.

   Ich werde mir für die nächsten zehn Kundengespräche einen motivierenden Gesprächseinstieg überlegen.

2. Da müsste man eigentlich mehr Sicherheit haben.

3. Weniger reden, mehr fragen.

4. Keine Einwände unbeantwortet lassen.

5. Nicht nervös werden vor dem Abschluss.

Lösungsvorschlag siehe S. 168.

Nicht alle Ziele sind quantifizierbar, gerade in Coachinggesprächen treffen Sie auf die Herausforderung, qualitative Ziele festzuhalten. Für Sie als Coach bedeutet das, genau hinzuhören und nebulöse Aussagen zu konkretisieren. Wichtig ist, dass Sie darauf achten, folgende Eigenschaften eines SMARTen Ziels einzufordern:

Zieldefinition

▶ **Positiv** („Ich schaffe ..." statt „ich will nicht", „nicht mehr so lange")

▶ **Aktiv** („Ich tue, erreiche, mache" statt frommer Wünsche „würde gerne", „möchte mal")

▶ **Persönlich** („Ich ..." statt „man", „es" oder statt Infinitiv, „weniger reden")

▶ **Konkret** („Zehn Ideen sammeln", „fünf Vorschläge erarbeiten " statt unklarer Vergleiche wie „weniger", „doppelt so viel", „mehr")

Positiv: „Stellen Sie sich jetzt kein gelbes Nilpferd auf einem Fahrrad vor" – Sie kennen sicher diese Aufforderungen, die genau das Gegenteil von dem bewirken, was sie bezwecken: Unser Gehirn macht sich ein Bild davon, ohne das entscheidende Wörtchen „nicht/kein" zu beachten, denn es kann es schlicht nicht verarbeiten. Wir wissen mittlerweile, dass wir gerade das verfolgen, was wir eigentlich nicht wollen, wenn wir unser Denken negativ programmieren. Sie können daher Ihrem Coachee besonders nutzen, wenn Sie negative Formulierungen auflösen.

Beispiel

Coach: „Was wollen Sie in diesem Gespräch erreichen?"

Coachee: „Ich will mich nicht durch die arrogante Art des Kunden ins Bockshorn jagen lassen."

Coach: „Formulieren Sie es positiv: Was wollen Sie stattdessen?"

Coachee: „Ich möchte ruhig und gelassen auf den Kunden reagieren."

Coach: „O.k., dann halten wir das als Ihr Ziel fest."

Persönlich: Nehmen Sie Ihren Coachee in die Verantwortung. Nicht irgendjemand wird die Ziele realisieren, sondern ausschließlich er.

Beispiel

Coach: „Was ist Ihr Ziel heute?"

Coachee: „Man muss versuchen, eben mehr Informationen zu bekommen."

Coach: „Entschuldigen Sie, wenn ich jetzt etwas provozierend frage, aber es geht um Ihr persönliches Ziel: Wer ist ‚man'?"

Coachee: „Na, ich natürlich."

Coach: „Genau, Sie wollen etwas Bestimmtes erreichen. Sie sagten, ‚mehr Informationen', was heißt das für Sie konkret?"

Coachee: „Naja, ich will genaue Informationen über die zwei Mitbewerber und deren Vor- und Nachteile erhalten."

Aktiv: Der Konjunktiv („hätte, würde, wäre, könnte") ist die Wunsch- und Höflichkeitsform. Er eignet sich fürs Träumen und gute Umgangsformen, aber nicht für klare Ziele. Fragen Sie nach den eigenverantwortlichen Aktivitäten des Coachees.

Beispiel

> Coach: „Worum geht es Ihnen heute?"
>
> Coachee: „Ich würde gerne ein bisschen weniger Zeit brauchen, um mein Angebot zu erklären."
>
> Coach: „Sie kennen das ja, wenn man sagt ‚ich würde gerne oder ich möchte ...' hält man sich ein Hintertürchen offen. Versuchen Sie, es aktiv zu formulieren: Was werden Sie tun?"
>
> Coachee: „Ich werde das Angebot mit einer professionellen Tischvorlage erläutern, was rund 15 Minuten dauert."

Konkret: Lassen Sie keine schwammigen Vergleiche gelten. Ihr Coachee weiß zwar, womit er vergleicht, aber Sie nicht. Alle Ziele müssen für Sie als Coach nachvollziehbar und messbar sein.

Beispiel

> Coach: „Wie lange dauert denn normalerweise eine Angebotspräsentation?"
>
> Coachee: „So etwa 45 Minuten."
>
> Coach: „‚Weniger' heißt also in diesem Fall die Einsparung einer halben Stunde, nicht schlecht."
>
> Coachee: „Ja, ich habe sie mehrmals geprobt und schon viele Fragen der Kunden eingearbeitet, die sonst am Ende viel Zeit kosten."

Die Verursachungszyklen bei Ziellosigkeit versus klaren Zielen zeigen die folgenden beiden Bilder sehr anschaulich.

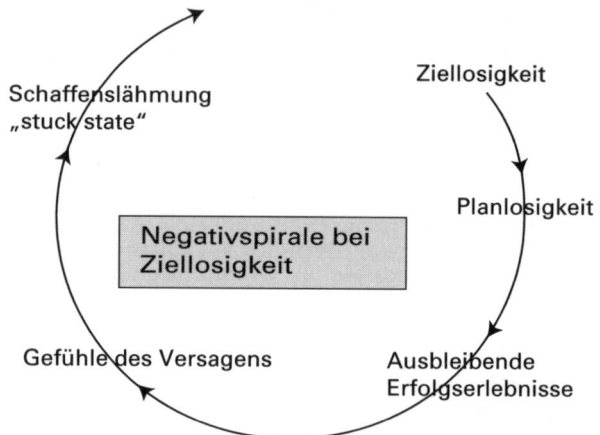

Abbildung 14: Negativspirale bei Ziellosigkeit

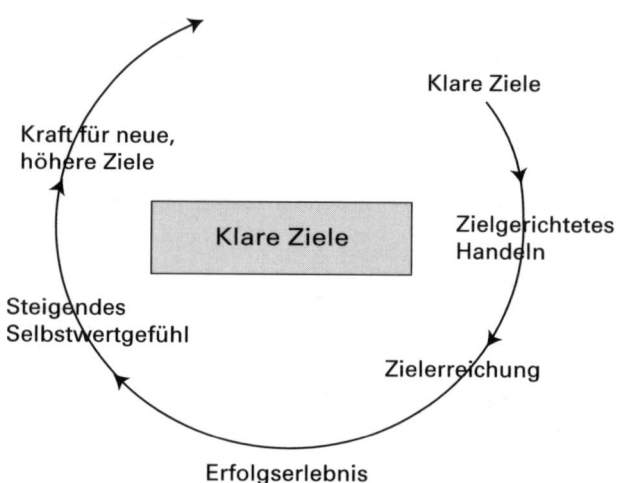

Abbildung 15: Positivspirale bei klaren Zielen

> **Fazit:**
>
> Fixieren Sie konkrete Ziele im Vorgespräch, diese können im größeren Zusammenhang stehen oder sich ausschließlich auf das folgende Kundengespräch beziehen. Ein klares Ziel gibt Orientierung und ermöglicht Fokussierung. Stellen Sie sich vor, Ihr Coachee steht in einem dunklen Raum und hat eine Taschenlampe in der Hand. Der Lichtkegel der Lampe zeigt ihm das Ziel und bündelt wie die Lichtenergie all seine Kräfte auf die Erreichung dieses Ziels. Dazu können Sie durch Ihre Beharrlichkeit bei der Zielklärung und -formulierung beitragen!

4.2 Fragetechniken

Fragen des Coaches ...

▶ ... öffnen den Geist.

▶ ... wecken das innere Wissen.

▶ ... ermöglichen erst einen Dialog.

▶ ... fördern den Austausch von Sichtweisen.

▶ ... schaffen Erkenntnisse.

▶ ... regen an zur Anwendung.

Generell empfehlen wir offene Fragen (wie, wo, was ...), weil sie Ihnen ermöglichen, Informationen zu erhalten und das Gespräch sinnvoll zu führen. Mit geschlossenen Fragen, Suggestiv- oder rhetorischen Fragen begeben Sie sich stattdessen auf das unbekannte Terrain von Vermutungen und Annahmen.

Vermeiden Sie Warum-Fragen, denn meist zwingen sie den Angesprochenen in eine Verteidigungshaltung oder er geht selbst zum Angriff über. Hören wir Warum-Fragen von Kindern, wissen wir, dass sie einem echten Interesse entspringen, ihre Umwelt zu verstehen, doch bei Erwachsenen regen sich die Stresshormone im Gehirn und signalisieren: „Flight or Fight", eine partnerschaftliche Gesprächssituation ist nicht mehr gegeben.

Im Folgenden werden wir Ihnen zwei weniger bekannte, aber sehr effektive Fragetechniken vorstellen, die Sie darin unterstützen, Ihren Coachees intelligente Fragen zu stellen:

1. Konvergierende und divergierende Fragen

2. Metamodell-Fragen

Eine gute Vorannahme ist für den Coach, dass der Coachee die Antwort bereits in sich trägt und Sie sie nur zutage fördern müssen. So stimmen wir Koch et al. zu:

„Er (Platon, Anm. der Verf.) vertrat die Ansicht, dass der Mensch alles bereits in sich habe, was er für das Leben benötige. Die Aufgabe des Lehrers sei es, dieses innere Wissen zu erwecken und für die Anwendung zu erschließen." (Koch/Hilgenstock/Bröckmann, 2001, S. 121)

1. Konvergierende und divergierende Fragen

Diese Fragetechnik bietet dem Coach die Möglichkeit, sowohl zielorientiert als auch vertiefend zu fragen.

Beispiel

Konvergierend:

Coach: „Welche Kaufsignale haben Sie wahrgenommen?"

Coachee: „Als die Kundin mich fragte, ob die Anlage denn auch sicher sei."

Coach: „Genau, welche noch?"

Bei diesem Fragetyp führen Sie zielorientiert den Gesprächspartner immer wieder zum Thema zurück bzw. bleiben eng am Thema dran.

Beispiel

Divergierend:

Coach: „Welche Kaufsignale haben Sie wahrgenommen?"

Coachee: „Als die Kundin mich fragte, ob die Anlage denn auch *sicher* sei."

Coach: „Was bedeutete für sie ‚*sicher*'?"

Coachee: „Na, ich nehme an, sie wollte ihr Geld nicht noch einmal durch Aktienspekulationen *verlieren*."

Coach: „Verständlich. Wie viel hat sie denn *verloren*?"

Bei diesem Fragetyp gehen Sie in die Tiefe. Sie bleiben ganz nah an den Antworten Ihres Gesprächspartners und bilden daraus die nächste Frage. Dies können Sie folgendermaßen trainieren: Sie konzentrieren sich auf ein Wort in der Antwort Ihres Coachees und formen daraus Ihre offene Frage. Dabei kann es auch zu einem Themenwechsel kommen. Dies kann nützlich sein, wenn Ihr Coachee sich zu sehr auf ein Thema fokussiert und „festgefahren" wirkt.

Bei den divergierenden Fragen können Sie zwei Effekte beobachten:

1. die Fragen führen Sie immer tiefer in ein Thema oder

2. sie gehen in die Breite.

Wir nennen diese Technik der divergierenden Fragen auch „Moderatorentalk", weil Sie diese häufig bei Talkshows beobachten können.

Nach dem gezielten Training im Seminar fragen wir unsere Teilnehmer regelmäßig: Welche Fragenart liegt Ihnen mehr? Meistens ist das Ergebnis ausgeglichen bei 50:50. Manche fühlten sich mit den konvergierenden wohler, anderen fielen die divergierenden leichter.

Wer Erstere besser beherrscht, ist zielorientiert und kommt auf den Punkt. Er ist jedoch auch in der Gefahr, bestimmte Signale zu überhören und weniger auf den Gesprächspartner zu achten. Mithilfe der divergierenden Fragen können Sie genau auf die Worte des Coachees achten, erfahren mehr und hören aktiv zu.

Wem divergierende Fragen locker über die Lippen kommen, der beherrscht die Kunst, gut zuzuhören und eine angenehme Atmosphäre zu schaffen, aber möglicherweise kommt er manchmal nicht zum Ziel oder braucht viel Zeit, um zu einem Ergebnis zu kommen. Für denjenigen sind die zielorientierten Fragen eine nützliche Methode, um auf den „Pfad der Tugend" zurückzukehren.

Probieren Sie aus, welcher Fragetyp Ihnen mehr liegt, und trainieren Sie zusätzlich den jeweils anderen.

Fragen wörtlich genommen

„Zwei Freunde treffen sich zufällig nach langer Zeit auf der Straße. Sie beginnen sich auszutauschen, was die letzten Jahre in ihrem Leben alles geschah, und dabei entwickelt sich folgender Dialog:

Freund 1: „Ja und vor zehn Monaten habe ich geheiratet, aber leider starb meine Frau vor vier Wochen."

Freund 2: „Welche Tragödie! Was hat sie denn gehabt?"

Freund 1: „Ein kleines Einzelhandelsgeschäft und ein paar Tausend Mark Festgeldanlagen."

Freund 2: „Nein, das meine ich nicht. Was hat ihr denn gefehlt?"

Freund 1: „Na gut. Ein Bauplatz und das Geld, das Geschäft vernünftig auszubauen."

Freund 2: „Das meine ich doch nicht. An was ist sie denn gestorben?"

Freund 1: „Ach so. Sie wollte in den Keller, um fürs Mittagessen Kartoffeln und Sauerkraut hoch zu holen. Dabei ist sie auf der Treppe gestürzt und hat sich das Genick gebrochen."

Freund 2: „Um Himmels willen! Was habt Ihr denn da gemacht?"

Freund 1: „Nudeln."

(Trenkle, 1999, S. 51ff.)

2. Metamodell-Fragen

Mit den Metamodell-Fragen finden Sie heraus, was Ihr Coachee genau meint, denkt und fühlt. Wie funktioniert das?

„Ständig gewinnen wir neue Eindrücke, machen wir Erfahrungen und verarbeiten sie mental. Beim Prozess der Versprachlichung unseres ,Modells' von der Welt filtern und verkürzen wir diese Informationen. Einerseits weil unser Wortschatz wesentlich begrenzter ist als die Flut an Signalen, die wir empfangen. Andererseits weil es auch viel zu lange dauern würde und wir einen sehr geduldigen Zuhörer brauchten." (Haas / v. Troschke, 2007, S. 68 ff.)

Ihr Nutzen bei der Anwendung dieser Metamodell-Fragen:

▶ Sie sammeln präzise Informationen.

▶ Sie klären Bedeutungen.

▶ Sie identifizieren Einschränkungen.

▶ Sie eröffnen Wahlmöglichkeiten.

▶ Sie konkretisieren Widerstände und Einwände.

Reduzierungen

Wir können zwischen drei Hauptformen von Reduzierungen unterscheiden. Die Metamodell-Fragen dienen Ihnen als Coach in erster Linie dazu, diese Reduzierung der Realität bewusst zu machen und mehr von der subjektiven Wirklichkeit des Beraters zu erfahren.

1. Hauptform: Verallgemeinerung

Beispiel: „*Alle Kunden* wollen das nicht."

Mögliche Fragen: „Alle – ohne Ausnahme?"; „Welche Kunden konkret?"

Weitere Generalisierungen lauten: „immer, keiner, nie, ewig, jeder, ständig."

2. Hauptform: Verzerrung

Beispiel: „*Ich weiß genau*, dass mich diese Kundin ablehnt." (Eine subjektive Meinung wird als wahr und allgemeingültig betrachtet, man nennt das auch „Gedankenlesen".)

Mögliche Fragen: „Woher genau wissen Sie das?", oder „Woran machen Sie das fest?", oder „Was hat sie getan, um Ihnen dieses Gefühl zu vermitteln?"

3. Hauptform: Tilgung

Beispiel: „*Die Ziele* sind *zu hoch*." (Hier wird ein Teil des ursprünglichen Kontextes weggelassen.)

Mögliche Fragen zur Klärung des Kontextes von „zu hoch" sind: „Was bedeutet für Sie ‚zu hoch' – im Vergleich zu anderen Kollegen?" oder „Im Vergleich zu dem Kundenbestand, den Sie haben?"

Abbildung 16: Metamodell-Fragen

Wer ständig Metamodell-Fragen stellt, wird den Dingen auf den Grund gehen, aber auf die Gefahr hin, bald ziemlich einsam zu werden. Denn diese Fragen können den Coachee auch in die Enge treiben und ihn übervorsichtig werden lassen. Deswegen ist die gute Absicht Ihrer Frage das Erfolgskriterium für die Akzeptanz und den Erkenntnisgewinn, den diese Fragen beim Coachee bewirken können.

Übung 4: Entwickeln Sie Metamodell-Fragen zu folgenden Aussagen

1. Das ist ein schwieriger Kunde.

   Woran merken Sie, dass jemand ein schwieriger Kunde ist?

   _____

2. Ich verstehe nicht.

   _____

3. Wir haben die schlechteren Produkte.

   _____

4. Es ist einfach zu viel.

_____

5. Immer hat er mich unterbrochen.

_____

6. Nie ließ sie mich ausreden.

_____

7. Keine Ahnung, was er eigentlich wollte.

_____

8. Ich fühle mich nicht wohl.

_____

9. Alle haben eine bessere technische Ausstattung als ich.

_____

10. Früher war alles einfacher.

_____

Lösungsvorschlag siehe S. 169

Im Anhang unter „Schatztruhe: Musterdialog und Fragenpool" finden Sie einen Dialog mit besonders vielen Metamodell-Fragen und eine große Anzahl von Fragen für das Vor- und Hauptgespräch des Coaching, die in zahlreichen Seminare gesammelt wurden. Es handelt sich um einen Erfahrungs-Fragen-Schatz. Gerade für Ihre ersten Coachingsitzungen empfehlen wir Ihnen, sich von den vielen verschiedenen Varianten inspirieren zu lassen und die für Sie am besten geeigneten auszuwählen.

4.3 Die Kunst des Spiegelns

Es war einmal ein kleiner Hund, der kam zu einem Schloss voller Spiegel. Misstrauisch und skeptisch betrat er es und erschrak ganz fürchterlich, als ihm aus allen Spiegeln lauter grimmig dreinschauende Hunde entgegen blickten. Jaulend lief er davon.

Ein anderer Hund kam ebenfalls zu dem Schloss voller Spiegel, er freute sich darauf, etwas Neues zu entdecken, und wedelte voller Vor-

freude fröhlich mit dem Schwanz. Welches Spiegelbild empfing ihn wohl?

(Quelle: Gehört von Nikolaus B. Enkelmann und frei nacherzählt)

„So wie man in den Wald hineinruft, so schallt es heraus", sagt ein altes Sprichwort, doch meist merken wir nicht, dass die Reaktion unseres Gesprächspartners häufig unbewusst durch uns selbst ausgelöst wurde. Schnell behilft man sich mit einer Abwertung wie „der ist eben schwer von Begriff", „arrogant" oder „ungeduldig". Durch die Technik des Spiegelns kann der Berater seinen Anteil an der Reaktion des Partners erkennen.

Wichtig ist, dass der Coach beim Spiegeln zwei Grundsätze beherzigt:

1. Der Coachee verfolgt keine böse Absicht, sondern Missverständnisse passieren ständig.
2. Die Aufgabe des Coaches ist Bewusstmachen, nicht „Vorführen".

1. Direktes Spiegeln

Sie wiederholen bestimmte Aussagen oder Verhaltensweisen des Coachees einfach und bitten den Coachee, sie zu interpretieren. Der Coachee hört mit der Distanz des zeitlichen Abstands seine eigenen Worte und kann sie auf sich wirken lassen. Der Spiegel wird ihm direkt vorgehalten.

Beispiel

Coach: „Da war diese Situation, als die Kundin sagte, sie wolle keine Lebensversicherung und Sie sagten: ‚Was haben Sie denn dagegen? Die braucht doch jeder in der heutigen Zeit.' – kurze Pause – *Wie wirkt das im Nachhinein auf Sie?"*

Coachee: „Ja, *wenn ich das jetzt so höre,* vielleicht ein bisschen forsch und es klingt auch ein wenig besserwisserisch – oder?"

Coach: „Ehrlich gesagt, ja. Auch wenn das nicht Ihre Absicht war. Was passiert, wenn Sie so vorgehen? Was muss die Kundin tun?"

Coachee: „Sie muss sich verteidigen. Sie sagte ja auch daraufhin: ‚Lassen Sie mich bloß in Frieden damit. Daran verdienen doch nur Sie mit riesigen Provisionen und die Rendite ist ein Witz.' Da kam sie ganz schön in Fahrt."

Coach: „Genau, und das können Sie vermeiden. Wie hätten Sie stattdessen reagieren können?" ... (Erarbeiten Sie gemeinsam mit dem Coachee verschiedene Alternativen.)

2. Indirektes Spiegeln

Das indirekte Spiegeln ist eine wertschätzende Form, den Coachee weniger persönlich zu konfrontieren, sondern ihn in die „Schuhe" des Kunden schlüpfen zu lassen und zu seinem eigenen Verhalten Distanz zu schaffen. Dadurch ist er weniger mit seinem eigenen Verhalten konfrontiert und kann leichter das Ganze mit einem gewissen sachlichen Abstand betrachten.

Beispiel

Coach: „Erinnern Sie sich noch, was Sie sagten, als sich der Kunde beschwerte, dass er viel Kapital durch Ihre Anlagetipps in der Vergangenheit verloren habe?"

Coachee: „Ich habe versucht, ihn zu beruhigen, aber da wurde er ja noch ärgerlicher. Außerdem war das nicht meine Schuld, damals brach doch der ganze Markt zusammen."

Coach: „*Stellen Sie sich vor, Sie sind mein Kunde* und ich sage zu Ihnen: ‚Da sind Sie nicht der Einzige.' – Kurze Pause – Wie wirkt das auf Sie?"

Coachee: „Ich wollte ihn doch nur beruhigen." (Die gute Absicht)

Coach: „Ja, ich verstehe Sie, nur *versetzen Sie sich einmal kurz in den Kunden*: Wie kommt das bei Ihnen an?"

Coachee: „Naja, irgendwie klingt es, als ob der Berater mich nicht ganz ernst nehmen und den Verlust verharmlosen will."

Coach: „So klang es für mich auch. Eigentlich wollten Sie ihn beruhigen, nur als Berater bewirkten Sie das Gegenteil dessen, was Sie wollten. Der Kunde wurde ärgerlich. Wie würden Sie das nächste Mal reagieren?"

Berater: „Vielleicht mehr Verständnis zeigen und ihn ernst nehmen."

✓ Heranzoomen der konkreten Situation („Erinnern Sie sich …").

✓ Exakte Formulierung zur Hand haben („Sie sagten … – Zitat – ").

✓ Gute Absicht bestätigen und am Thema bleiben.

✓ Der Ton macht die Musik: Zitate bitte ohne Über- oder Untertreibung.

✓ Der Spiegel ist kein Zerr- oder Vergrößerungsspiegel.

✓ Direktes Spiegeln: „Wie wirkt es auf Sie …?"

✓ Indirektes Spiegeln: „Stellen Sie sich vor, Sie sind der Kunde …"

✓ Pause – – – wirken lassen.

✓ Nach Wirkung fragen.

✓ Nach alternativen Lösungen fragen.

Das Spiegeln eignet sich insbesondere, um den blinden Fleck (Johari-Fenster) deutlich zu machen. Die Spiegelmethode erfordert viel Sensibilität: Die Zitate haben den großen Vorteil, dass sie direkt nachvollziehbar sind, aber sie besitzen auch den Nachteil, dass sich der Berater bei extensiver Benutzung von Zitaten wie bei Gericht vorkommt. Seine Aussagen werden auf die Goldwaage gelegt und können gegen ihn verwendet werden. Dann wird er es – zu Recht – als Beckmesserei und Verhör erleben. Während des Coaching empfehlen wir, maximal zweimal zu spiegeln und sich immer von der Frage leiten zu lassen, welchen Nutzen die Coachee davon hat.

4.4 Vereinbarung von Maßnahmen

Die Maßnahmenvereinbarung am Ende eines Coaching stellt oft die größte Herausforderung dar. Hier geht es darum, aus den bisher gewonnenen Erkenntnissen die Brücke zur Umsetzung in die Praxis zu schlagen. Dazu wollen wir zwei Fragen beantworten:

1. Wie kommen Sie zu konkreten Maßnahmen?

2. Wie dokumentieren Sie die Gespräche?

1. Wie kommen Sie zu konkreten Maßnahmen?

Ähnlich wie bei der Zielformulierung besteht am Ende eines Coachinggesprächs die Gefahr, allgemeine gute Vorsätze zu fassen statt konkrete Punkte festzuhalten. Aus den folgenden Beispielen können Sie mit Ihrem Coachee verbindliche Maßnahmen ableiten.

Beispiele für konkrete Maßnahmen

Themenbeispiele	Maßnahmen
Zu wenig Gesprächsvorbereitung	Checkliste dazu erarbeiten
Fachliche Unsicherheit	Mit „fittem" Kollegen Thema aufbereiten
Unsicherheit in der Argumentation	Eigene Argumentationskette erarbeiten Mit Kollegen Argumentation üben
Sprechanteil hoch/Frageanteil niedrig	Fragenkatalog entwickeln
Thema zu kompliziert dargestellt	Visualisierung dazu erarbeiten Training zu „Visualisierung im Verkaufsgespräch" besuchen
Produkteigenschaften statt Nutzen erklärt	Für 5 verschiedene Kundentypen unterschiedlichen Nutzen formulieren
Einwände als persönlichen Angriff empfunden	Wertequadrat von Schulz von Thun gemeinsam besprechen und konkret für Berater nutzen Reframing vorstellen und anwenden
Cross-Selling-Möglichkeiten verpasst	Je zwei Cross-Selling-Möglichkeiten zu den nächsten drei Kundengesprächen mit Kollegen vorbereiten
Spiel mit dem Stift	Stift bewusst an einen bestimmten Platz legen und nur zum Notieren in die Hand nehmen.

Wichtige Hinweise:

1. Fördern Sie die Kreativität Ihres Coachees. **Seine** Ideen sind relevant, denn sie sorgen dafür, dass er sich für seinen Aktionsplan begeistert und Spaß an der Umsetzung hat.

2. Der zeitliche Aufwand für die Maßnahmen sollte sich in Grenzen halten, damit das Coaching nicht zu kopflastig wird.

3. Regen Sie zum Erfahrungsaustausch untereinander an, vieles lernt man besser im Dialog als im „stillen Kämmerlein". Dies setzt allerdings eine partnerschaftliche Arbeitsatmosphäre voraus, die in vertrieblichen Strukturen, die das Wettbewerbsprinzip fördern, oft nicht gegeben ist.

2. Wie dokumentieren Sie die Gespräche?

„Kein Produktentwickler käme auf die Idee, den Werdegang eines neuen Produktes undokumentiert zu lassen. Besprechungen, Zeichnungen, Muster – alles wird akribisch festgehalten. Bei der Entwicklung von Mitarbeitern durch Coaching oder bei Personalführungsgesprächen wird dagegen oft aus unerfindlichen Gründen auf eine Dokumentation verzichtet." (Gams, 1998, S. 42)

Und weiter unterstreicht Gams: „Die schriftliche Fixierung von Coachinggesprächen dient beiden Seiten als Gedächtnisstütze und zur Beobachtung der eigenen Arbeitsfortschritte. Sie ist nicht als Beweismittel und schon gar nicht als Machtmittel konzipiert." (ebd.)

Es gibt zwei Wege, wie Sie den Coachingprozess dokumentieren können:

Ihre Dokumentation

Sie nehmen Ihren Beobachtungs- und Auswertungsbogen von Seite 47 und halten am Ende auf einem gesonderten Maßnahmenplan (S. 95) die Vereinbarungen fest. Obwohl das papierlose Büro ein erstrebenswerter Zustand ist, empfiehlt das Scannen sich nur, wenn diese vertraulichen Dateien von niemandem sonst eingesehen werden können. Ansonsten hilft ein Ordner mit je zwei Registern pro Mitarbeiter, in dem Sie diese beiden Dokumente separat chronologisch mit den jeweils aktuellsten zuvorderst festhalten. Wollen Sie den Prozess reflektieren, nützen Ihnen Ihre Mitschriften. Wollen Sie die Ergebnisse analysieren, benutzen Sie die Vereinbarungen. Für die Mitschrift haben Sie bereits den Beobachtungs- und Auswertungsbogen erhalten, für die Maßnahmen können Sie den folgenden einfachen Maßnahmenplan benutzen:

Was ?	Wozu?	(Bis) wann? Wie oft?

Abbildung 17: Maßnahmenplan

In der Was-Spalte halten Sie fest, welche To-do's sich der Coachee vornimmt, in der Wozu-Spalte, welche Ziele er damit erreichen will, und in der (Bis) wann/Wie oft-Spalte den zeitlichen Horizont und die Frequenz.

Dieser Maßnahmenplan dient Ihnen bei jedem Folgegespräch als Grundlage zum Anknüpfen an das letzte Coaching und zur Verifizierung von Ergebnissen.

Dokumentation des Coachees

Einerseits ist es eine schöne Geste, „Butler" des Coachees zu sein und die wichtigsten Punkte festzuhalten. Andererseits wissen wir aus der Lern- und Gehirnforschung, dass das **Selbst-Schreiben** ein wichtiger Akt ist, um die Ziele im Kopf zu verfestigen, und dass die Verantwortungsübernahme dann noch deutlicher beim Coachee liegt. Deshalb können Sie auch Ihrem Coachee am Ende eines Coachinggesprächs einen Maßnahmenplan in die Hand geben und ihn bitten, selbst festzuhalten, was er umsetzen möchte.

Sie können ihn auch ermutigen, die für ihn wichtigsten Punkte aus dem Coaching nachträglich niederzuschreiben. Auch dadurch verarbeitet er noch einmal den Prozess, und Sie haben eine klare Rückmeldung, was für den Coachee relevant war. Wichtig dabei ist: Es sollte nicht in zu viel „Paperwork" ausarten, sondern von der Idee geleitet sein, für beide Seiten kurz und bündig die Schlüsselthemen festzuhalten. In diesem Fall bitten Sie um eine Kopie zu Ihren Händen. Dadurch fördern Sie Verbindlichkeit und Nachhaltigkeit.

Fazit:

Durch klare Ziele, intelligente Fragen, den „Spiegel in der Hand" und konkrete Maßnahmen erhält Ihr Coaching Tiefe, Praxisnähe und Nachhaltigkeit.

---

5. Coachingmethoden für Fortgeschrittene

Der Weg der Veränderung

Eine Autobiographie in fünf Kapiteln nach Portia Nelson

1. Ich gehe die Straße hinunter.
Da gibt es ein tiefes Loch im Bürgersteig.
Ich falle hinein,
ich bin verloren, ich kann mir nicht helfen.
Es ist nicht meine Schuld.
Es dauert ewig, um wieder hinauszukommen.

2. Ich gehe dieselbe Straße hinunter.
Da gibt es ein tiefes Loch im Bürgersteig.
Ich tue so, als wenn ich es nicht sehe,
ich falle wieder hinein,
ich kann nicht glauben, wieder am gleichen Ort zu sein.
Aber es ist nicht meine Schuld.
Es dauert immer noch lange, wieder hinauszukommen.

3. Ich gehe dieselbe Straße hinunter.
Da gibt es ein tiefes Loch im Bürgersteig.
Ich sehe, dass es da ist, ich falle immer noch hinein, ... es ist eine Gewohnheit.
Meine Augen sind offen.
Ich weiß, wo ich bin.
Es ist meine Schuld.
Ich komme gleich wieder hinaus.

4. Ich gehe dieselbe Straße hinunter.
Da gibt es ein tiefes Loch im Bürgersteig.
Ich mache einen Bogen um das Loch.

5. Ich gehe eine andere Straße hinauf.

(Quelle: Nelson, 1994, S. 7 ff. – dt. Übersetzung durch die Verfasser)

Es dauert manchmal sehr lange, bis wir eine „andere Straße" wählen, und Coaching ist ein iterativer Lernprozess.

Die Basis beherrschen Sie nun, jetzt kommt die Kür. In diesem Kapitel werden drei weitere herausfordernde Methoden beschrieben, mit denen Sie noch schneller, effektiver und spielerischer coachen können, die allerdings auch viel Übung und Können erfordern. Sie wirken direkter als das „Darüber-Sprechen" und sind teils bei Trainingsmethoden angesiedelt, weshalb die Gefahr des Rollenkonflikts besteht: Bin ich nun Coach oder Trainer? Doch überwiegen – wohldosiert eingesetzt – die Vorteile und der Nutzen.

Die wichtigsten Elemente im Lernprozess sind die Motivation, die Neugier und das Interesse, etwas Neues aufzunehmen. Unsere emotionale Bereitschaft macht Lernen erst möglich oder im negativen Sinn unsere Blockade verhindert es gänzlich. Im Coaching geht es nicht nur darum, etwas Neues zu lernen, sondern möglicherweise auch alte Verhaltensweisen zu „entlernen". Ob wir dies jedoch tun wollen, hat viel mit unseren Einstellungen, Werten und Glaubenssätzen zu tun. Solange wir mit unserem Verhalten erfolgreich sind, gibt es keinen Grund, etwas zu ändern. Geraten wir jedoch immer wieder an Grenzen, schmerzt es vielleicht sogar, werden wir nach neuen Wegen suchen. Diese zwei Motive, Neugier und Schmerzvermeidung, sind gewaltige Triebkräfte, um Lernen und Veränderung in Gang zu bringen.

Merke:

Die Aufgabe des Coachs ist nicht, Werte und Einstellungen des Coachees zu verändern, das kann der Coachee nur selbst tun. Doch er kann den Coachee unterstützen,

▶ sich Einstellungen und Werte bewusst zu machen,

▶ sich emotional zu öffnen,

▶ neue Perspektiven zu entwickeln.

Dann kann der Coachee ...

▶ neue Wahlmöglichkeiten entwickeln,

▶ sein Repertoire erweitern,

▶ seine Flexibilität erhöhen.

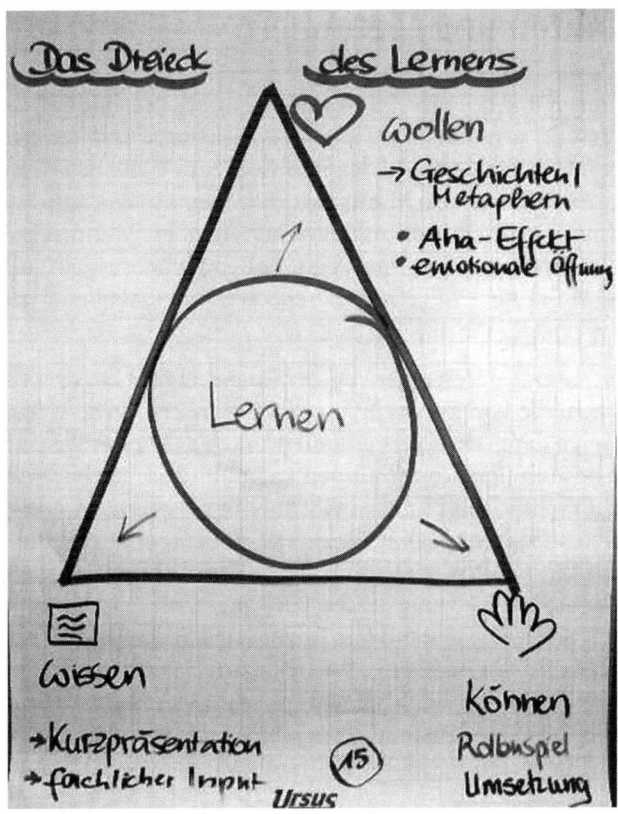

Abbildung 18: Das Dreieck des Lernens

Weil Coaching ein Veränderungs- und Lernprozess ist, werden wir im Folgenden beschreiben, wie das „Dreieck des Lernens" durch

1. Geschichten und Metaphern,

2. Rollenspiele und

3. Kurzinputs

optimal unterstützt wird und was beim Einsatz in Coachinggesprächen zu beachten ist.

99

5.1 Geschichten und Metaphern

Wer als Coach die Fähigkeit des „Storytelling" und der bildhaften Vergleiche beherrscht, erreicht das Herz des Coachees und schafft Aha-Effekte. Denn Geschichten sind der Schlüssel zum Unterbewusstsein. Wenn Sie meinen, dies sei Manipulation: Stimmt, das tun Sie und wir jeden Tag, fragt sich nur, mit welcher Absicht. Wenn diese positiv und dem Coachee gegenüber wohlwollend und respektvoll ist, sind Stories ein guter Weg, die Bereitschaft zu „wollen" zu wecken.

Haben Sie Spaß daran, Geschichten zu erzählen? Umso besser! Es gibt viele Menschen, die von sich behaupten, sie könnten keine Witze erzählen, geschweige denn sich merken und ähnlich geht es ihnen mit Geschichten. Sie zu erzählen, kommt ihnen fremd und sonderbar vor. Glaubt man dem Psychologen Howard Gardner in „Leading Minds", so ist die Fähigkeit des „Storytelling" eine der bedeutenden zukünftigen Managementfähigkeiten, nach ihm ist „... ein Schlüssel – vielleicht *der* Schlüssel – zur Führung ... die wirkungsvolle Vermittlung einer Geschichte." (zitiert nach: Boyett/Boyett, 1999, S. 8). Auf besonders fruchtbaren Boden fallen sie, wenn sie auf das Niveau eines Fünfjährigen zugeschnitten sind, weil wir in dem Alter noch ungeschult sind, aber schon klare Einstellungen, Werte und Überzeugungen besitzen. (ebd. S. 48)

Wir alle sind empfänglich für Geschichten und Märchen. Denn sie wecken in uns Spannung, eine angenehme Erwartungshaltung, sprechen unsere Emotionen an, bewirken oft einen Aha-Effekt, bieten Möglichkeiten zur Identifikation und erhöhen somit auch die Bereitschaft, unbewusst etwas zu lernen oder zu lösen.

Da wir uns jedoch in einer Zahlen-, Daten- und Fakten- (ZDF)-getriebenen Welt bewegen, müssen wir das Erzählen erst wieder lernen. Manche besitzen dafür ein angeborenes Talent, manche benötigen dafür ein wenig Training. Wenn Sie Interesse haben, Geschichten in Ihr Coaching einzubauen, empfehlen wir Ihnen:

▶ Legen Sie sich ein kleines Repertoire zu oder schauen Sie auf unserer Homepage – www.hot-akademie.de – nach. Dort haben wir eine spezielle Rubrik nur für Stories angelegt.

▶ Notieren Sie sich, wozu man welche Geschichten verwenden kann (beispielsweise Illustration zum Thema Kommunikation, Wahrnehmung, Zielvereinbarung oder Rückdelegation).

▶ Trainieren Sie die Wiedergabe von Geschichten. Erzählen Sie die Geschichten Ihrem Partner oder Ihrer Partnerin. Üben Sie sich dann darin, sie verschiedenen Leuten mitzuteilen. Je öfter Sie sie erzählen, desto geübter und versierter werden Sie als „Storyteller".

Viele Teilnehmer tun sich mit Geschichten anfangs schwer, obwohl sie sehr schnell von ihrer Sinnhaftigkeit überzeugt sind. Doch wenn Sie erst einmal den eigenen Glaubenssatz „Ich kann das nicht" überwunden und es trainiert haben, erleben Sie tolle bisher unentdeckte Talente.

Wann bietet sich eine Geschichte im Coachinggespräch an?

Beispiel

Dem Coach war aufgefallen, dass der Coachee im Kundengespräch viele Verneinungen benutzte, wenn er etwas nicht anbieten oder einem Wunsch des Kunden nicht entsprechen konnte. Statt ihm jede einzelne Situation vor Augen zu führen, wo er positiv hätte formulieren können und damit womöglich Frustration auszulösen, entschied er sich für die Geschichte „Verlorene Zähne" (siehe Abschnitt 3.4), indem er sie mit seinen Beobachtungen etwas anreicherte. Am Ende sagte der Berater spontan: „Ja, der zweite Traumdeuter war schlauer. Der wusste, wie man schlechte Botschaften überbringt." Darauf aufbauend nahm der Coach zwei Beispiele aus dem Kundengespräch, und sie erarbeiteten gemeinsam positive Botschaften.

Als Coach können Sie durch Geschichten die Beziehung zwischen Einstellung und Verhalten herstellen und somit die Coachingerfahrung für den Berater in einen größeren Zusammenhang bringen. Der Vorteil von Geschichten ist zudem, dass der Coach keine direkte Konfrontation benötigt, sondern indirekt die Botschaft wirken lassen kann. Das führt zu wesentlich höherer Akzeptanz, denn in der Geschichte geht es ja nicht um den Coachee.

Tipps für den Einsatz von Geschichten

▶ Lockerer Einstieg: „mir ist neulich Folgendes passiert ...", „da fällt mir die Geschichte ein vom ...", „das erinnert mich an ..."

▶ Passender Bezug zur Situation

▶ In der Kürze liegt die Würze.

▶ Je nach Absicht: Betroffenheit erzeugen oder Humor. Lachen löst Anspannung.

▶ Eigene Erfahrungen einbringen (Ich-bezogene Geschichten)

▶ Wissen über Interessen/Hobbys des Coachee nutzen („Sie interessieren sich doch für Fußball ...")

▶ Auf gutes Timing achten

▶ Ironie vermeiden

▶ Auf Banalitäten verzichten

▶ Spannungsbogen aufbauen

▶ Pointe wirken lassen

▶ Verständlich ausdrücken

▶ Interessant erzählen: Einsatz von Betonung und Körpersprache

▶ Klare Botschaft vermitteln

▶ Fazit/Erkenntnis vom Coachee ziehen lassen oder Bezug herstellen

▶ Mit einer Frage die Brücke zum Coachinggespräch schlagen

Das sollten Sie vermeiden:

▶ mit einem formellen und verniedlichenden Einstieg beginnen: „Es war einmal ..." oder „Ich will Dir mal eine *kleine* Geschichte erzählen ..."

▶ die Botschaft vorwegnehmen: „... die uns zeigt, wie wichtig Kooperation ist."

▶ stundenlang ausschmücken

▶ enden mit: „Und die Moral von der Geschicht' (glaube einem Geschichtenerzähler nicht ☺")

▶ die Pointe vermasseln

▶ eine monotone Sprechweise

Welche Geschichten?	Wozu?
Geschichten aus eigener Erfahrung	▶ Nähe zum Coachee herstellen ▶ Auf eine Ebene begeben ▶ Glaubhaftigkeit erhöhen
Coachee-bezogene Geschichten	▶ An Coachee andocken ▶ Identifikation erhöhen ▶ Interesse/Motivation wecken
Geschichten, in denen Ängste und Schwierigkeiten überwunden werden (zum Beispiel aus dem Bereich des Sports)	▶ Bei Selbstzweifeln des Coachees nach schwierigem Gespräch ▶ Ermutigung ▶ Durchhaltevermögen stärken ▶ Erinnerung an die eigenen Ressourcen, um Probleme zu lösen
Erfolgsstories	▶ Motivation ▶ Lust auf Erfolg und Happy End
Erläuternde Geschichten	▶ Passend zur Situation/zum Thema
Gefühle ansprechende Geschichten	▶ Emotionen wecken ▶ Rolle von Gefühlen in Kundengesprächen thematisieren ▶ Erlebte Gefühle des Coachees widerspiegeln
Geschichten, die Betroffenheit wecken	▶ Festgefahrene Meinungen lösen ▶ Andere Sichtweise ins Spiel bringen ▶ Konsequenzen der Beratung des Coachees bewusst machen

Wählen Sie für Ihre Geschichte den richtigen Zeitpunkt.

Die Geschichte vom richtigen Zeitpunkt

Mulla Nasrudin kaufte einst einen Papagei und brachte ihn nach Haus. „Bunter Vogel, Zeit für ein paar Sprechübungen!", sagte er.

„Nicht der Mühe wert", sagte der Papagei, „mit dem Sprechen habe ich keine Probleme."

Nasrudin war so überrascht und erfreut, dass er sich mit dem Papagei eilends zu seinen Freunden ins Kaffeehaus begab: „He, Leute, hört zu, ich haben einen großartigen sprechenden Papagei!"

Aber der Papagei gab keinen Laut mehr von sich, so sehr Nasrudin ihm auch zuredete. Schließlich bot man ihm eine Zehn-zu-eins-Wette an, dass der Papagei nicht sprechen könne. Der Mulla nahm die Wette an, aber auch jetzt gelang es ihm nicht, den Papagei zum Sprechen zu bringen.

Unter den gutgelaunten Schmähungen seiner Freunde verließ Nasrudin das Kaffeehaus. Vor der Tür knuffte er den Papagei und sagte: „Was ist los mit dir, du Dummvogel? Hast du gesehen, wie viel Geld ich deinetwegen verloren habe?"

„Der Dummvogel bist du!", sagte der Papagei, „denn wenn du morgen wieder ins Kaffeehaus gehst, wird die Wette Hundert-zu-eins laufen, und dann – das verspreche ich – wirst du absahnen!" (Fischer (Hg.), 1993, S. 96)

Der „kleine Bruder" von Geschichten sind die Metaphern. Sie sind ein weiterer Weg, im Coaching plastisch und anschaulich zu arbeiten. Metaphern sind bildhafte Vergleiche, die dazu einladen, bestimmte Themen des Coaching einmal aus einem anderen Blickwinkel zu betrachten.

Vergleiche aus dem Alltag wie der Gang zum Bäcker, der Arztbesuch, Supermarkteinkauf oder die Paarbeziehung bieten sich an, um bestimmte Aspekte des Kundengesprächs transparent zu machen.

Einige Beispiele für Metaphern:

1. Ein Coachee machte in seinem Kundengespräch *keine Warm-up-Phase*, sondern stieg gleich ins Thema ein.

„Stellen Sie sich vor, Sie machen einen 100-Meter-Sprint, ohne sich aufzuwärmen. Was passiert dann?"

2. Der Coachee hat kaum Fragen gestellt:

Coach: „Stellen Sie sich vor, Sie gehen zum Bäcker, und der drückt Ihnen, ohne zu fragen oder Sie zu kennen, fünf Brötchen in die Hand."

3. Der Coachee hat fachliche Fehler gemacht:

Coach: „Stellen Sie sich vor, Sie gehen zu Ihrer Autowerkstatt und Ihr Mechaniker repariert statt der defekten Bremsen ein ganz anderes Teil. Was für einen Eindruck würde das auf Sie machen?"

Übung 5: Welche Metaphern fallen Ihnen ein?

Bitte geben Sie mit einleuchtenden Metaphern aus dem Alltag einem Kundenberater Rückmeldung über sein Verhalten.

1. Wünsche des Kunden nicht erkannt

   _____

   _____

2. Nicht ausreden lassen

   _____

   _____

3. Fachvortrag gehalten

   _____

   _____

4. Wenig Interesse am Kunden gezeigt

   _____

   _____

5. Komplizierte Fachbegriffe benutzt

   _____

   _____

Lösungsvorschläge siehe S. 170

5.2 Rollenspiele

Schiller sagt in seinem Buch „Über ästhetische Erziehung des Menschen": „Der Mensch ist nur da ganz Mensch, wo er spielt." Tatsächlich kann der Coachee durch das Rollenspiel viel über sich selbst erfahren und bei jeder Verhaltensänderung die unmittelbare Wirkung auf das Gegenüber wahrnehmen. So entwickelt er sich vom Amateur zum Profi.

Rollenspiele sind eine ausgezeichnete Möglichkeit, anderes Verhalten, eine andere Körperhaltung, andere Formulierungen auszuprobieren. Das Training, in bestimmten Situationen adäquat zu (re-)agieren, ermöglicht dem Coachee ein Probehandeln im Coaching und gibt ihm damit Sicherheit.

Rückle beschreibt darüber hinaus die Rückwirkung auf die Einstellung:

„Eine andere Möglichkeit (neben der Änderung der Einstellung; Anm. der Verf.), Verhaltensweisen zu verändern, ist das Training, das heißt der Erwerb neuer Verhaltensweisen (Worte, Betonungen, Körpersprache). Sie verändern in ihrer Rückwirkung auch die Einstellung. Wenn Sie diese Gesetzmäßigkeit ausprobieren wollen, brauchen Sie bei „deprimierter" Einstellung nur zu lächeln und zu beobachten, was geschieht. Fast immer führt das Lächeln zu einer Veränderung der Einstellung." (Rückle, 1992)

Rollenspiele sind im Training wie im Coaching sehr nützlich, um anderes Verhalten auszuprobieren.

Schwäbisch/Siems sagen hierzu: „Manchen Menschen fällt es schwer, zu glauben, dass das Spiel lernwirksamer für eine Verhaltensänderung ist als das Üben in der Wirklichkeit. Verhaltensänderung in der normalen Umgebung ist aber tatsächlich sehr schwer. In der Spielsituation können wir ungefährdet von negativen Konsequenzen auf sehr viel effektivere Weise unser Verhalten diagnostizieren und einüben. Der nächste Schritt muss natürlich immer die Übertragung des neu gelernten Verhaltens in den Alltag sein. Aus jeden Fall wird eine Verhaltensänderung am sichersten zu erzielen sein durch die Schritte: Diskussion oder Rollenspiel – neue Einsichten in das Problem – Einübung des erwünschten Verhaltens im Rollenspiel – Einübung des Verhaltens in der Wirklichkeit." (Schwäbisch/Siems, 1992, S. 335 ff.)

Doch viele Mitarbeiter lehnen Rollenspiele ab, weil sie sich vorgeführt erlebten, Misserfolgserlebnisse hatten, schlechtes Feedback bekamen und womöglich noch eine quälende Videoanalyse über sich ergehen lassen mussten. Auch wenn wir als Trainer und Coaches vom Wert der Rollenspiele absolut überzeugt sind, ist es nützlich, sich in die Teilnehmer und ihre Ängste sowie Widerstände hineinzuversetzen. Denn nicht jede Gruppe und jeder Trainer lassen die nötige Sensibilität walten und geben wirklich Entwicklungschancen, oft genug bleibt der Teilnehmer auf seinem negativen Feedback „sitzen". Er wüsste zwar jetzt, wie er es besser machen kann, bekommt aber – leider auch aus Zeitgründen – keine Chance dazu. Derart methodisch verkürzt verliert das Rollenspiel seinen Sinn.

Denn der „Charme" und Lerneffekt des Rollenspiels liegt in der Nutzung des Feedbacks für die Entwicklung neuer Spielvarianten, bis das Ganze für den Teilnehmer stimmig ist. „Das kann so oft geschehen, wie der Spieler und die Gruppe es für gut halten – je mehr Rollenspiele, desto größer die Verhaltensänderung." (ebd. 338)

Wichtig dabei ist, dass kleine Erfolgserlebnisse vermittelt werden, die Mut und Lust machen, auf diesem Wege weiter fortzufahren.

„Klappe, die Zweite"

Da im Coachinggespräch die Zeit jedoch auch nicht unendlich ist und das Rollenspiel nur eine von mehreren Methoden darstellt, empfehlen wir eine „Klappe, die Zweite", um eine Chance auf erlebte Veränderung und Erfolg zu geben. Manchmal tritt auch schon beim ersten Mal das gewünschte Ergebnis ein, manchmal bringt ein dritter Versuch den Durchbruch.

Tipps für den Einsatz von Rollenspielen:

▶ Zur Vorbereitung (Vorgespräch)

▶ Zur Nachbereitung einer konkreten Situation (Hauptgespräch)

▶ Kurze, knappe Einleitung

▶ Zielorientiert

▶ Wohldosiert (ein- bis zweimal)

▶ Das Wort „Rollenspiel" vermeiden: „lassen Sie uns das mal durchspielen/üben/direkt trainieren ..."

▶ Nutzen vermitteln: „... denn so finden Sie am leichtesten die beste Lösung." Oder „Denn durchs Selbst-Tun merken Sie selbst am besten, was stimmig ist."

▶ Verschiedene Rollenmöglichkeiten nutzen: Coachee = Berater, Coach = Kunde; Coach = Berater, Coachee = Kunde (um dem Coachee die Möglichkeit zu geben, sich in den Kunden hineinzufühlen)

▶ Auf direkte Rede achten, statt: „Dann würde ich sagen ..." (erhöht Distanz, verringert Identifikation), „Sagen Sie es mir direkt."

- Richtiges Timing: eine Sequenz sollte nicht länger als maximal zwei bis drei Minuten dauern.
- Klare Regie: Wer macht was? (Rollenklärung) – „Jetzt starten wir!" (Beginn) – „Vielen Dank!" (Ende)
- Kurze Diskussion: Selbst-Feedback, Feedback vom Coach – was war gut/weniger gut/wie besser machen?
- Erfolgserlebnisse ermöglichen: „Klappe, die Zweite". Wenn nötig und sinnvoll weitere Varianten.
- Fazit erarbeiten lassen: „Was nehmen Sie daraus mit?"
- Maßnahmen: „Wie werden Sie das in die Praxis übertragen?"

Fazit:

Rollenspiele eignen sich, beim Dreieck des Lernens das Können des Beraters zu unterstützen und seine Fähigkeiten im Vertrieb, in der Kommunikation und in der Kundenorientierung zu fördern. Sie lassen sich auch gut zur Übertragung von neu erworbenem Wissen in die Praxis mit Kurzinputs kombinieren.

5.3 Kurzinputs

Mit Kurzinputs verlassen Sie am eindeutigsten den Boden des Coaching und werden kurzzeitig zum Trainer. Wägen Sie deshalb gut ab, ob es für Sie und die Situation die geeignete Methode ist. Kurzinputs sind dann nötig und sinnvoll, wenn Ihnen während des Kundengesprächs auffällt, dass der Berater bei einem fachlichen Thema „schwimmt". Wenn Sie dieses Thema beherrschen – wir haben anfangs darauf hingewiesen, dass Sie nicht unbedingt der fachliche Experte sein müssen – dann bitten Sie den Coachee nach dem Gespräch um etwas Zeit (etwa zehn Minuten), die gut genutzt ist, wenn der Berater seinerseits das Gespräch für sich noch einmal nachbereitet.

Tipps zum Einsatz von Kurzinputs

▶ Ohne lange Vorankündigung: statt „Ich mache jetzt einen Kurzinput" ...

▶ Pfiffige Überleitung:

   – Metapher „Noch schwimmen wir in seichten Gewässern, jetzt gehen wir mal in tiefere ..."

   – Schätzfrage: „Schätzen Sie mal, wie viel Prozent der Deutschen Immobilienbesitzer sind?"

   – Rhetorische Frage: „Was ist eine Inhaberschuldverschreibung? – Sehen wir uns das Thema einmal genauer an ..."

▶ Klare Gliederung

▶ Auf wichtigste Informationen beschränken (KISS-Prinzip: Keep It Short and Simple

▶ Einbeziehung des Coachees durch Fragen

▶ Auf Wissen des Coachees aufbauen

▶ Leitmotiv: „Wie können Sie es sich leichter machen?"

▶ Nutzen darstellen (für Kunde, Bank, Mitarbeiter)

▶ Einprägsame Visualisierung (Broschüren, Flyer, Handout, Zeichnung, Notizen)

▶ Schluss mit Appell: „Probieren Sie jetzt mal, mir als Kunden den Nutzen zu vermitteln!"

▶ Fachlicher Input sollte maximal fünf Minuten dauern

Fazit:

Nutzen Sie die drei in diesem Kapitel beschriebenen Trainingsmethoden im Coaching moderat, mit Lust und Mut und einem klaren Ziel. Was antwortete ein Weiser, als er gefragt wurde, wie man am besten seine Kinder erzieht? „Es gibt drei Methoden: Erstens – durch Beispiel. Zweitens – durch Beispiel. Drittens – durch Beispiel."

Vergessen Sie daher bei allem Methoden-Know-how nicht, dass Sie auch bei Ihren Coachees insbesondere durch Ihr Vorbild wirken. Die

Art, wie Sie kommunizieren, partnerschaftlich und wertschätzend, nicht schulmeisterlich und herablassend, welche Metaphern und Geschichten Sie wählen, wie Sie Rollenspiele einsetzen und Ihrem Coachee Erfolgserlebnisse verschaffen, wie motivierend Sie Inhalte vermitteln – ohne erhobenen Zeigefinger, das alles wird darüber entscheiden, ob und was Ihr Coachee annimmt und wie er sich weiterentwickelt.

Dass es dennoch zu schwierigen Situationen im Coaching kommen kann und wie Sie diese bewältigen können, erfahren Sie im nächsten Kapitel.

6. Schwierige Situationen erfolgreich meistern

Durch den gekonnten Umgang mit schwierigen Situationen wird im Coaching die Spreu vom Weizen getrennt. Man könnte es auch die „Königsdisziplin" im Coaching nennen.

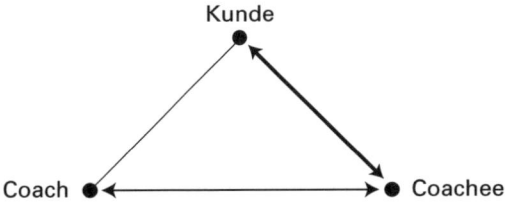

Abbildung 19: Konfliktverursacher

Betrachten wir die folgenden drei Aussagen: Sie stehen exemplarisch für zahlreiche schwierige Situationen mit drei unterschiedlichen Verursachern.

1. Beispiel

> Coachee: „Warum muss ich eigentlich gecoacht werden?! Das hätten andere viel nötiger!"

Schwierige Situationen, die dem Coach zu schaffen machen, entstehen in erster Linie durch den Coachee und sein Abwehrverhalten.

2. Beispiel

> Coach: „ Also, ob Sie mit dieser Einstellung bei uns weiterkommen, weiß ich nicht."

Doch auch der Coach kann durch sein Verhalten Konflikte, Ängste und Widerstände beim Coachee auslösen. In diesem Zusammenhang werden wir auch den Rollenkonflikt Coach versus Führungskraft versus Trainer thematisieren, denn der Rollen-„Switch" stellt hohe Ansprüche an die Führungskraft.

3. Beispiel

> Kunde: „Sie haben mir den reinsten Schrott verkauft, eine Unverschämtheit ist das, ich will mein Geld zurück."

Der dritte im Bunde der Konfliktverursacher ist der Kunde, er kann dem Coachee etwa mit einer wütenden Beschwerde einen leicht erhöhten Adrenalinspiegel bescheren. Der Coach kann den Coachee durch das Vorgespräch bei der Konfliktprävention sowie im Coachinggespräch bei der Verarbeitung des Konflikts unterstützen.

6.1 Einwände des Coachees

Es kann Ihnen passieren, dass Ihr Coachee bereits bei der Terminvereinbarung das Coaching indirekt boykottiert, indem die Termine nicht stattfinden, kurzfristig abgesagt werden oder Termine mit „pflegeleichten" Kunden vereinbart werden. Fragen Sie sich zuerst selbst, was Ihr Anteil daran sein könnte. Vielleicht wurde das Thema „Coaching" nicht ausreichend im Vorfeld kommuniziert, oder es wird nicht als Unterstützung, sondern als Bespitzelung verstanden. Aber auch, wenn Sie alles richtig gemacht haben, können Sie diese Ängste bei manchen Mitarbeitern nicht ganz verhindern. Denn Veränderungen in der Mitarbeiterführung – und Vertriebscoaching ist eine große Veränderung – führen häufig zu bewusstem oder unbewusstem Widerstand.

Was können Sie tun?

Sprechen Sie das Thema „Einhaltung von Terminen" bereits bei Ihrer Kick-off-Veranstaltung offensiv an. Sollte es trotzdem bei einem Berater immer wieder schwierig sein, bei „echten" Kundengesprächen dabei zu sein, hier ein paar Tipps:

▶ Sprechen Sie den Berater direkt darauf an.

▶ Fragen Sie ihn nach den Gründen.

- Fragen Sie ihn, ob es etwas mit dem Coaching oder mit Ihnen als Person zu tun hat.
- Machen Sie ihm die Kosten eines geplatzten Termins transparent.
- Erklären Sie ihm, dass Sie auch bei Neukundengesprächen oder herausfordernden Gesprächen dabei sein möchten.
- Treffen Sie mit ihm klare Vereinbarungen für die Zukunft.

Schwierige Situationen im Vorgespräch

Die meisten Schwierigkeiten tauchen zu Beginn des Coachingprozesses auf, wenn der Coachee noch nicht einschätzen kann, was ihn dabei erwartet. Manche entstehen auch aus einem Fehlverhalten des Beraters.

1. Der Coachee lehnt das Coaching generell ab.

- Nachfragen, was genau ihn stört.
- Sein Verständnis von Coaching hinterfragen.
- Erneut den Coachingbegriff klären.
- Anbieten, es einmal auszuprobieren, danach zu entscheiden, ob er weiter gecoacht werden will.

2. Der Coachee versteht nicht, warum er gecoacht werden soll.

- Nachfragen, was er damit konkret meint.
- Auswahl und Reihenfolge transparent machen.
- Ziele und Nutzen des Coaching verdeutlichen.
- Erwartungen an Sie als Coach klären.

3. Der Coachee sieht Coaching als unnötig an („Ich bringe doch meine Zahlen").

- Erklären, dass Coaching keine „Nachhilfe" oder Strafmaßnahme ist.
- Vergleich mit Spitzensportlern anführen, die sich coachen lassen, um weiter unter den Ersten zu sein.
- Positive Beispiele nennen, wie gute Verkäufer noch dazulernen können.

113

- Best-Practice-Beispiele können bei jungen Verkäufern Schule machen, wenn Verkäufer mit der Weitergabe einverstanden sind.

4. Der Coachee äußert große Angst.

- Ernst nehmen.
- Das Sich-Anvertrauen wertschätzen.
- Nachfragen, was ihm so große Angst bereitet.
- Fragen, worin der Coach unterstützen kann.
- Der Coach sollte darauf achten, dass er beim Kundengespräch nicht im Blickfeld des Beraters sitzt.
- Bei „Hänger" Hilfe anbieten.
- Ressourcen aktivieren: nach herausfordernder Situation fragen, die der Coachee erfolgreich gelöst hat. Wie hat er das geschafft? Was genau hat er gemacht? Mit dem Erfolgsmoment so assoziieren, dass er einen positiven Anker für das Kundengespräch bilden kann.

5. Der Coachee befürchtet Eintrag in die Personalakte.

- Differenzieren, was Coaching ist, was es nicht ist.
- Klar Stellung beziehen: Coachingprozess kommt nicht in die Personalakte.
- Dokumentation des Prozesses besprechen.
- Coaching fließt in die Beurteilung mit ein (wenn es regelmäßig stattgefunden hat).
- Coaching ist ehrlicher als eine nur punktuelle Beurteilung aus der Ferne.

6. Der Coachee hat sich nicht oder schlecht vorbereitet.

- Hinterfragen der Gründe für die fehlende Vorbereitung.
- Aufzeigen, wie wichtig und nützlich eine gute Vorbereitung ist.
- Gemeinsam nachholen – wenn zeitlich möglich.
- Für die nächsten Gespräche diesen Punkt als einen Bestandteil des Maßnahmenplans vereinbaren.

Schwierige Situationen im Hauptgespräch

Negative Gefühle oder eine gewisse emotionale Anspannung können sich nach einem Kundengespräch, das nicht optimal verlaufen ist, beim Coachee einstellen. Zudem führt die hierarchische Abhängigkeit vom Coach zu Ängsten vor Konsequenzen, unangenehmen Gesprächen oder Überreaktionen. Ob der Coachee nun Schuldgefühle entwickelt, weil er glaubt, versagt zu haben, sich ohnmächtig fühlt oder Angst hat, sein Selbstbild könnte korrigiert werden, dies alles führt zu einem Schutzwall von Abwehrmechanismen, den der Coach erst abbauen muss, bevor konstruktive, weiterführende Lösungen entwickelt werden können.

Ein wichtiger Schlüssel zur Akzeptanz und partnerschaftlichen Auswertung ist die Ausgewogenheit von positiven und negativen Punkten. Wenn der Coachee den Eindruck gewinnt, dass nur Kritikpunkte genannt werden, aber seine Stärken nicht genügend beachtet wurden, wird er bald die Freude am Coaching verlieren.

> **Wer mit Anerkennung geizt, wird bald arm an Coachees sein!**

Die folgende Übersicht zeigt Abwehrmechanismen des Coachees und Reaktionsmöglichkeiten des Coaches.

Abwehrme-chanismen des Coachees	Beispiele	Reaktions-möglichkeiten des Coach	Beispiele
Sachverhalt wird bestritten	*„Das habe ich nicht gesagt."*	Gute Notizen beim Coaching, Fakten zur Hand haben	*„Ich habe hier notiert ..."*
Bagatellisieren	*„Das hat der Kunde doch gar nicht gemerkt."*	Auf die Bedeutung und Folgen des Fehlers hinweisen.	*„Das ist eine Vermutung. Wir wissen es nicht. Manche Kunden zeigen ihre enttäuschten Erwartungen nicht, kommen aber nicht wieder."*

Abwehrme-chanismen des Coachees	Beispiele	Reaktions-möglichkeiten des Coach	Beispiele
Aggressives Verhalten	*„Ich war damit immer erfolgreich und werde das Ihret-wegen nicht ändern. "*	Beruhigen, positiven Hintergrund und Nutzen des Coaching aufzeigen	*„Ich schätze auch Ihre Erfolge und möchte mit Ihnen weitere Wege zum Ziel finden. "*
Auf „Durch-zug" stellen	*„Ja, ja ... hm, hm, ich glau-be, es wird Zeit fürs Mit-tagessen ... "*	Ansprechen, hinterfragen	*„Ich habe den Eindruck, unser Gespräch ist Ihnen gleichgültig. Sehe ich das richtig?"*
Unterwer-fung	*„Sie haben ja Recht, das Gespräch war eine reine Ka-tastrophe. "*	Thematisie-ren, eventuell Opferhaltung ansprechen	*„Ich habe es nicht als katastrophal erlebt, wie kommen Sie darauf?"*
Rechtferti-gung/Ausre-den	*„Ich hatte keine Zeit, mich vorzube-reiten. "*	Den Coachee auf seine Ver-antwortung ansprechen	*„Ich habe mir auch Zeit für dieses Ge-spräch genommen und wünsche mir von Ihnen dasselbe in Bezug auf Ihre Kunden. "*

In besonders schwierigen Fällen, wenn Sie als Coach merken, Sie kommen mit allen bisher dargestellten Coachingmethoden nicht wei-ter, denn Ihr Coachee hat ein bestimmtes Selbstbild und beharrt auf seiner Sichtweise als der einzig wahren, dann wechseln Sie ins Feed-back. Schildern Sie ihm Ihr Fremdbild aus Ihrer Perspektive.

Oft jedoch hat das Abwehrverhalten mit unserem eigenen Verhalten als Coach zu tun und wir bekommen nur den Spiegel vorgehalten, wenn sich der Coachee wehrt.

6.2 Machtmissbrauch des Coachs

Zwei Umstände bedrohen die positive Wirkung des Coaching:

1. Der Coach ist gleichzeitig Führungskraft, und aufgrund dieser Doppelfunktion hat er außerhalb des Coaching das „Sagen".

2. Wenn ein Coach schon häufig und viele verschiedene Verkäufer gecoacht hat, stellt sich eine „Krankheit" ein, die nicht nur im Coaching die Beziehungsebene stört: die „Rechthaberitis".

Immer wieder muss sich der Coach aufmerksam über die eigene Schulter schauen und sein Verhalten daraufhin reflektieren, ob er seine Macht missbraucht und seine Meinung für die einzig gültige hält. Gerade wenn ein Coach nicht mit der Leistung seines Coachees zufrieden ist, besteht die Gefahr, dass es zu folgenden verbalen Übergriffen kommt.

Die Sprache der Macht

1. Verallgemeinerung

▨ „Sie haben aber auch alles durcheinandergebracht."

2. Drohung

▨ „Was sollen wir nach so einem Fehler mit Ihnen machen?"

3. Ironie

▨ „Sie hatten auch schon bessere Tage."

4. Trost

▨ „Na, nun nehmen Sie sich das mal nicht so zu Herzen."

5. Persönlicher Angriff

▌ „Ich glaube, Sie sind nicht ganz bei Trost, Sie können doch nicht ..."

6. Behauptungen

▨ „Da waren Sie auf dem falschen Dampfer."

7. Rat-„Schläge"

▎„Denken Sie immer daran, der Kunde will wissen, welchen Nutzen er hat."

8. Vorwürfe

▎„So wie Sie das machen, klappt das nie."

9. Rhetorische Fragen oder Suggestivfragen

▎„Wäre es nicht sinnvoller gewesen, dem Kunden xy anzubieten?!"

Manchmal ist man als Coach vom Verhalten des Coachees im Kundengespräch wirklich sehr enttäuscht. Deshalb ist es hilfreich, mit möglichst wenig vorgefassten Meinungen oder Erwartungen ins Coaching zu gehen und bei schlechten Gesprächen dem Ganzen zumindest die Einsicht abzugewinnen, dass die Beratungsqualität definitiv verbessert werden kann. Sollten Sie also merken, dass Sie innerlich „kochen", weil ein Coachee aus Ihrer Sicht einen großen Fehler gemacht hat oder sich zu viele Fauxpas erlaubt hat, legen Sie eine kurze Pause ein und kommen Sie selbst wieder zur Ruhe.

Übung 6: So nicht! – Was würden Sie sagen?

Suchen Sie für die folgenden Aussagen wertschätzendere Formulierungen oder Fragen:

1. Warum haben Sie den Kunden niemals mit Namen angesprochen?

   Wie haben Sie den Kunden angesprochen?

2. Sie sollten nicht so viel reden, sondern lieber zuhören!

   _____

3. Vielleicht könnten Sie ja mal mehr offene Fragen stellen?

   _____

4. Ihre Schwächen in den Gesprächen lagen eindeutig bei der Einwandbehandlung!

   _____

5. Wenn Sie meinen Rat hören wollen, ...

   _____

6. Was haben Sie sich denn dabei gedacht, ihm keinen Servicevertrag anzubieten?

_____

7. Sie kennen doch unsere Ziele! – Diesem Stammkunden haben Sie viel zu wenig unsere verschiedenen Leistungen gezeigt!

_____

8. Sie müssen unbedingt mehr den Nutzen verkaufen!

_____

9. Aber Sie wissen doch, wie unsere Konditionen aussehen!

_____

10. Ihnen fehlt einfach der verkäuferische Biss, so werden Sie bei uns nicht weiterkommen.

_____

Lösungsvorschlag siehe S. 171

Zweifellos gibt es auch Situationen, in denen der Coach bewusst einen Rollenkonflikt erlebt und eine klare Entscheidung treffen muss.

6.3 Rollenkonflikt Führungskraft versus Coach versus Trainer

Als Führungskraft haben Sie verschiedene „Hüte" auf:

1. Als **Vorgesetzter** Ziele zu vereinbaren, Aufgaben zu delegieren, das Team zu führen und die Mitarbeiter zu fördern und zu fordern.

2. Als **Vertriebscoach** die verkäuferischen Fähigkeiten von Mitarbeitern weiterzuentwickeln und sie zu unterstützen, in Kundengesprächen noch erfolgreicher zu werden.

3. Als **Trainer** Wissen zu vermitteln, Tipps zu geben, mit zum Kunden zu gehen, das Gespräch mit dem Verkäufer gemeinsam zu führen, ihn „on the job" zu trainieren. Denn gerade im Vertrieb übt man oft diese zusätzliche Funktion aus.

Wichtig ist, dass Sie sich bewusst sind, in welcher Rolle Sie gerade sind und dass Sie manchmal einen „Spagat" machen müssen, um Ihren verschiedenen Rollen gerecht zu werden.

Sie können als Führungskraft durchaus viele Methoden des Coaching anwenden, wenn Sie einen kooperativen Führungsstil pflegen. Deshalb verwischen die Unterschiede häufig. Als Vorgesetzter obliegt Ihnen für Ihre Mitarbeiter die Führungsverantwortung – von der Fürsorgepflicht bis zur Sanktionierung von Fehlverhalten –, während Sie als Coach alles tun, um die Eigenverantwortung des Mitarbeiters zu fördern.

Deshalb ist es von Vorteil, das Thema offensiv anzusprechen, indem Sie die Frage vorwegnehmen:

Beispiel

Coach: „Sie fragen sich vielleicht: ‚Wie soll denn das funktionieren? Heute morgen führen wir ein Zielvereinbarungsgespräch und heute Nachmittag wollen Sie mich coachen?' –

Das stimmt, es ist nicht einfach, diese beiden Rollen auseinanderzuhalten. Ich werde mich bemühen, in unseren Coachinggesprächen nicht in die Vorgesetztenrolle zu rutschen. Denn mir ist wichtig, dass wir hier wirklich Ihre Themen bearbeiten und Ihre Lösungen im Vordergrund stehen. Eigenständige und eigenverantwortliche Mitarbeiter sind für uns alle überlebenswichtig.

Dass wir darüber hinaus auch Zielvereinbarungsgespräche führen und ich hier als Ihr Vorgesetzter handle, ist für mich normal. Auch Sie sind tagtäglich in verschiedenen Rollen (als Kollege, Mitarbeiter, Verkäufer etc.) unterwegs und schaffen es, sich entsprechend zu verhalten."

Die folgende Übersicht zeigt Unterschiede im Führungs- und Coachingverhalten.

Führungsverhalten	Coachingverhalten
Die Führungskraft ist mehr sachorientiert.	Der Coach ist mehr menschorientiert.
Die Führungskraft arbeitet häufig mit Vorgaben und Anweisungen.	Der Coach arbeitet mehr mit Fragen und Beobachtungen.
Die Führungskraft vereinbart Ziele mit dem Mitarbeiter, die für die Erreichung des Unternehmensziels wichtig sind.	Der Coach achtet verstärkt auf die Zielidentifikation.
Die Führungskraft macht Ergebnisse an Zahlen fest.	Der Coach leitet Veränderungsprozesse ein und macht Ergebnisse an Verhaltensänderungen fest.
Die Führungskraft führt den Einzelnen und das Team anhand sachlicher Ziele.	Der Coach steuert die Prozesse und macht Fortschrittskontrollen im Verhalten.
Die Führungskraft handelt häufig unter Zeitdruck und hat den kurzfristigen Umsatz im Blick.	Der Coach nimmt sich Zeit für Veränderungen und hat Geduld.
Die Führungskraft verfolgt kurzfristige Ziele, um Verkaufsergebnisse zu erreichen.	Der Coach verfolgt mittelfristige Ziele, um die Qualität der Verkäufer zu steigern.
Bei der Führungskraft stehen quantitative Ziele im Vordergrund.	Der Coach arbeitet eher an den qualitativen Zielen.

(Quelle: Ückermann, 2004, S. 53)

Es gibt letztlich nur drei Ausnahmen, in denen Sie vom Coach in die Führungsrolle wechseln dürfen:

1. Der Coachee schädigt mit einer Zusicherung das Unternehmen

Dann darf sich der Coach geschickt ins Gespräch einbringen, indem er beispielsweise sagt: „Wenn ich kurz ergänzen darf, da hat sich aktuell etwas verändert. Jetzt sieht es folgendermaßen aus ..."

Da Vertriebscoaches – wenn sie echte Verkäufer sind – immer ihre Verkäuferseele mit im Gepäck führen, ist diese Entscheidung mithin die schwerste: Wann greife ich ein, wann nicht? Denn natürlich möchte man sich als Vertriebsleiter keine Chancen entgehen lassen und bei Fehlern am liebsten sofort dazwischen gehen. Aber dann sind Sie nicht mehr als Coach tätig und Ihre Coachees dürfen keine Fehler machen und aus ihnen lernen, abgesehen davon, dass Sie sie in dem Moment des Eingreifens bloßstellen. Machen Sie sich daher immer bewusst: Normalerweise würde der Verkäufer das Gespräch ohne Sie führen.

2. Ein Coachee verliert die Nerven oder ist durch eine schwierige Situation komplett überfordert

Hier stellt sich die Frage, ob der Coach nicht im Vorgespräch Fehler gemacht hat, sonst hätte er rechtzeitig gegensteuern können. Wenn dieser Fall eintritt, unterstützen Sie den Mitarbeiter und helfen Sie, die Situation zu retten. Vermeiden Sie jedoch, dass beim Kunden der Eindruck entsteht, er stünde nun zwei „Alliierten" gegenüber.

3. Ein Kunde kennt Sie als Chef und will von Ihnen noch bessere Konditionen.

Falls der Kunde weiß, dass Sie der Vorgesetzte sind, kann es dazu führen, dass Sie bei Nachlässen, besseren Konditionen oder höheren Leistungsanforderungen direkt angesprochen werden: „Da Sie schon heute dabei sind, kann ich Sie ja gleich mal fragen, ob Sie da nicht noch etwas am Preis machen können."

Klären Sie vorher mit dem Coachee, wie Sie sich im Falle einer Ansprache verhalten werden und dass Sie ihm auf jeden Fall den Rücken stärken und sich konsequent an die Vereinbarungen halten werden, damit der Berater sich vor dem Kunden keine Blöße gibt. Häufig reicht die Aussage des Coaches: „Herr Werner hat Ihnen bereits unser bestes Angebot gemacht, glauben Sie mir." Oder Sie schmunzeln und sagen: „Eigentlich bin ich heute dabei, um weinenden Auges zuzusehen, dass Sie mal wieder die allerbesten Konditionen von Herrn Werner bekommen. Im Ernst: Herr Werner hat Ihnen schon ein ausgezeichnetes Angebot gemacht, das ich nicht toppen kann."

Vergegenwärtigen Sie sich: Wenn Sie sich in das Gespräch einschalten, haben Sie Ihre Coachrolle verlassen und sind ab diesem Moment

Führungskraft. Überlegen Sie daher sehr genau, ob Sie tatsächlich eingreifen müssen oder Ihr Helfersyndrom befriedigt werden muss.

Die wirklich herausfordernden Situationen entstehen im Vor- oder Hauptgespräch mit dem Coachee. Wenn dieser im Widerstand ist, die Zusammenarbeit verweigert oder die vereinbarten Maßnahmen nicht umsetzt, ist die „Verführung" groß, sich auf die Chefrolle zurückzuziehen. Nach dem Motto „Bist Du nicht willig, so brauch ich Gewalt", holt man die Keule hervor und verordnet, was zu tun ist.

Wie sich das anhört, haben wir bereits bei „Machtmissbrauch des Coaches" beschrieben. Versuchen Sie herauszufinden, was die Ursache des Widerstands ist:

▶ Was hindert Sie daran, ... zu tun?

▶ Was fehlt Ihnen, um ... umzusetzen?

▶ Wie sehen Sie Ihre Aufgabe als Verkäufer?

▶ Was verstehen Sie unter „ganzheitlicher Beratung"?

▶ Wie sehen Sie unsere Unternehmensziele?

▶ Was macht es für Sie schwer, diese mitzutragen?

▶ Wie kann ich Sie unterstützen?

▶ Liegt es an meiner Person?

Sollten Sie den Konflikt nicht lösen können, beenden Sie das Coaching und nutzen Sie die Ihnen als Führungskraft zur Verfügung stehenden Mittel, um die Unternehmensziele zu erreichen. Allerdings nur als „Manöver der letzten Minute."

Beispiel

Coach: „Aus meiner Sicht kommen wir hier nicht weiter. Auf meine Fragen, wie das Coaching für Sie gewinnbringend sein kann, bekomme ich keine rechte Antwort. Die vereinbarten Maßnahmen wollen Sie nicht umsetzen. Ich merke, dass ich zunehmend mit meiner Rolle als Führungskraft in Konflikt komme. Deshalb möchte ich an dieser Stelle den Coachingprozess beenden. Ich bedauere, dass wir keinen Konsens finden können, aber ich habe die Verantwortung übernommen, mit dem gesamten Team unsere Ziele zu erreichen, und diese möchte ich auch erfüllen."

In den 15 Jahren, in denen wir als Coaches arbeiten und Coaching-ausbildungen durchführen, ist es jedoch nur wenige Male vorgekommen, dass wirklich ein Coachingprozess beendet werden musste, weil keine tragfähige Zusammenarbeit mehr möglich war. Betrachten Sie es als Ihre persönliche Notbremse, die Sie wie die echte vermutlich nur sehr selten ziehen müssen.

Wenn Sie auch „Training on the job" betreiben, bietet sich an, folgendermaßen zwischen Coaching und Training zu differenzieren: Bei der Neueinführung von Produkten, wenn die Schulung im Vordergrund steht, und bei unerfahrenen Vertriebsmitarbeitern üben Sie die Rolle des Trainers aus, bei erfahrenen Mitarbeitern und zur Verbesserung der Vertriebsfähigkeiten das Coaching.

Die Grenzen verlaufen fließend und es ist nicht immer einfach, Coaching in „Reinkultur" zu leben. Wer diese drei Rollen gleichzeitig ausübt, muss in der Lage sein, sich selbst zu hinterfragen, eine innere ethische Selbstverpflichtung mitbringen und bewusst entscheiden, in welcher Rolle er der Person und der Situation am besten gerecht wird.

6.4 Stressige Situationen mit Kunden

Nach dem Motto „Vorbeugen ist besser als Nachsorgen", ist für Sie wie für den Coachee die beste Art, schwierige Situationen zu meistern, sie gar nicht erst entstehen zu lassen. Wenn jedoch „das Kind in den Brunnen gefallen ist", ist der Coachee froh, wenn er durch die „Nachsorge" eine Möglichkeit hat, das Ganze zu verarbeiten und sich für die Zukunft zu wappnen.

6.4.1 Vorbeugen im Vorgespräch

Es gibt Kunden, bei denen der Coachee Ihnen schon ihm Vorgespräch sagt: „Jetzt kommt Herr xy, der ist ganz schwierig." Dass der Begriff „schwierig" Auslegungssache ist, zeigt das folgende Beispiel:

Beispiel

Ein Vorgesetzter erzählt seinem Kollegen: „Ich habe einen schwierigen Mitarbeiter." Daraufhin der Andere: „Oh ja, das kenne ich, meiner kommt auch wegen jeder Kleinigkeit zu mir und möchte meinen Rat." Der Erste reagiert ganz erstaunt: „Meiner ist das Gegenteil: Nie hält er mit mir Rücksprache. Alles macht er im Alleingang."

Gut, dass die beiden darüber gesprochen haben ...

Sprechen Sie auch mit Ihrem Coachee:

▶ Was verstehen Sie unter „schwierig"?

▶ Wie äußert sich das?

▶ Wie verhält sich der Kunde (Körpersprache/Handlungen)?

▶ Was sagt er genau (Reizworte)?

▶ Welche Gefühle löst das bei Ihnen aus (Hilflosigkeit, Ärger, Aggression)?

▶ Wie würden Sie diesen Kundentyp nennen?

▶ Gibt es einen bestimmten Auslöser?

Die Erfahrung zeigt, dass durch bestimmte Situationen oder Kundentypen ein „rotes Knöpfchen" gedrückt wird und dann ein entsprechendes Programm oder Reaktionsmuster abläuft. Deshalb sind diese Fragen für Sie und den Coachee sehr nützlich, um die Abläufe besser zu verstehen und bewusst darauf reagieren zu können.

Denn die neusten Erkenntnisse der Hirnforschung zeigen, dass wir mit unserem Stirnhirn unsere Emotionen steuern können. Wenn wir etwas rationalisieren, innerlich auf Distanz gehen und es uns kurz bewusst machen, also die Funktionen des linken Stirnhirns nutzen, können wir Angst und Ärger „herunterregeln". Wenn wir die Fähigkeiten unseres rechten Stirnhirns nutzen, also uns in die Gefühle durch Assoziation und negative innere Bilder weiter hineinsteigen und sie vertiefen, können wir sie potenzieren. (Klein, 2002, S. 59; eine ausführliche Beschreibung des Experimentes des Neuropsychologen Davidson ebd.)

Nutzen Sie diese Erkenntnisse positiv!

Beispiel

Eine Seminarteilnehmerin berichtete, wie sie ihre Prüfungsangst vor ihrem Examen bewältigte. Sie bekam von einer Freundin eine Hypnose-CD gegen Prüfungsangst geschenkt, die sie jeden Abend hörte. Sie wurde mithilfe suggestiver Sprache angeleitet zu glauben, dass sie alles notwendige Wissen und Fähigkeiten für diese Prüfung besitze. Dann wurde sie in die Prüfungssituation versetzt, mit dem Wissen, alle Fähigkeiten und Ressourcen zur Verfügung zu haben. Schließlich sollte sie einen inneren Film ablaufen lassen, wie sie danach alle beglückwünschen, Beifall klatschen, sie anstrahlen und sich mit ihr über ihren Erfolg freuen. Diese CD half ihr, auch bei der Prüfungsvorbereitung ruhiger zu werden, sie ging schließlich gefasst und optimistisch in die Prüfung und bestand.

Dieses Beispiel zeigt, wie stark Autosuggestion, positive innere Bilder und Vorfreude sich auf unsere mentale Verfassung auswirken. Auch ohne Therapeut zu sein, können Sie als Coach diese einfachen Wirkstoffe nutzen:

Lösen Sie eine positive innere Vorstellung aus, in der der Coachee im Vollbesitz seiner Fähigkeiten die Herausforderung meistert, vielleicht sogar Vorfreude entwickeln kann.

Ressourcen aktivieren

Ressourcen sind in diesem Zusammenhang Erfahrungen, Kenntnisse, Fähigkeiten und Anlagen, die ihm normalerweise zur Verfügung stehen, auf die er aber im Stressfall keinen direkten Zugriff hat.

Gesprächsleitfaden:

Vorausgeht: Coachee äußert Bedenken, Ärger, Angst ...

1. „Was ist Ihr Ziel bei dem Gespräch?"

Wichtig: Achten Sie darauf, dass er positiv formuliert, statt: „Ich will nicht so nervös sein" ⇒ *„ich will ruhig und entspannt sein".*

2. „Was fehlt Ihnen, um ... zu erreichen? Was brauchen Sie? Was wäre hilfreich?"

3. Laden Sie den Coachee ein, sich dazu an eine **konkrete positive Situation** zu erinnern, wo er diese Ressourcen zur Verfügung hatte.

Wichtig: Das muss nicht immer aus einem Kundengespräch sein, bleiben Sie allgemein: „Denken Sie mal an ein Gespräch, an eine Situation, wo Ihnen das sehr gut gelungen ist."

4. Durch vertiefende Fragen (Metamodell) und sinnesspezifische Fragen („was sehen, hören und spüren Sie?") die Erinnerung an die Situation intensivieren. Ziel ist, dass eine Art **innerer Film** abläuft, der dem Coachee die Kraft und das Selbstvertrauen gibt, das ihm im Moment fehlt. Wenn dem Coachee keine Situation aus der Vergangenheit einfallen sollte, lassen Sie ihn ein positives Wunschbild ausmalen.

Wichtig: Lassen Sie einfach erzählen; es geht nicht darum, alle inhaltlichen Fakten zu erinnern, sondern den Coachee mit dem insgesamt guten Gefühl wieder zu assoziieren.

5. Falls Sie eine Art **Strategie** erkennen, notieren Sie sich die Vorgehensweise Ihres Coachees.

Viele Erfolgsstrategien wie Ressourcen sind uns nur zum Teil bewusst. Deshalb sind Coachees oft überrascht und dankbar, wenn ihr Coach ihre bewusste Aufmerksamkeit darauf lenkt.

Wichtig: Wiederholen Sie so präzise wie möglich, was Sie notiert haben: „Das ist ja spannend ... wenn ich das jetzt so höre, haben Sie eine tolle Fähigkeit, negative Äußerungen von Kunden in positive umzuformulieren, genial."

6. „Wie wollen Sie jetzt im Gespräch vorgehen?"

Welche Ressourcen wollen Sie wie einsetzen? – Fehlt noch etwas?"

7. „Was machen Sie, wenn Sie jetzt im Kundengespräch – wider Erwarten – unter Stress geraten? Haben Sie eine Idee, was Ihnen hilft?"

8. „Viel Erfolg!"

6.4.2 Nachsorge im Hauptgespräch

Trotz aller guten Vorbeugemaßnahmen kann es immer wieder zu unvorhergesehenen schwierigen Situationen im Kundengespräch kommen.

Diese machen im Beisein des Coachs den Coachee dreifach verlegen:

1. Weil sie ihn „kalt erwischen".

2. Weil er es nicht oder nicht optimal geschafft hat, den Kunden zufrieden zu stellen.

3. Weil der Coach auch noch Zeuge dieses „Versagens" ist.

Folgende Tipps helfen Ihnen bei der Nachbereitung von schwierigen Gesprächen:

1. Stellen Sie einen guten Rapport her.

2. Halten Sie Ihre Gefühle unter Kontrolle.

3. Analysieren und kontrollieren Sie die Krisensituation.

4. Üben Sie Fehlertoleranz.

1. Stellen Sie einen guten Rapport her

Dieser Begriff stammt aus dem NLP. NLP bedeutet Neurolinguistisches Programmieren, wobei „neuro" die mentale und „linguistisch" die sprachliche Ebene meint. NLP wird insbesondere in der professionellen Kommunikation und Therapie verwandt. Einen guten „Rapport" herstellen, heißt, für eine gute und entspannte Beziehung sorgen. Denn wenn der Coachee das Gefühl hat, dass auch Sie jetzt ein Problem mit ihm haben, wird er vollends einknicken.

Beispiel

Coachee (sitzt in sich zusammengesunken und seufzt erstmal tief ein und aus): „Das war ja ein Hammergespräch, Mannomann, der war vielleicht geladen. Also das Gespräch können wir gleich in die Tonne stampfen."

Coach: „Das kann man wohl sagen, das war ein ganz schön harter Brocken. Erst mal Hut ab, das war wirklich herausfordernd, und jetzt schauen wir mal, was da gerade gelaufen ist."

Rapport heißt, sich auf die Welt des anderen einzulassen, nicht jemanden zu kopieren oder eine Rolle zu spielen. Sie müssen ihn nicht in all seinen Verhaltensweisen spiegeln, seufzen, mitjammern, zusammensinken, denn das hat nichts mit behutsamem, wertschätzendem Rapport zu tun und ist auch für Sie nicht gut.

Stimmen Sie ihm also zu, aber lassen Sie sich nicht herunterziehen, sondern seien Sie zukunftsorientiert: Wie kann er eine solche Situation in Zukunft vermeiden, was kann er aus ihr lernen?

2. Kontrollieren Sie Ihre Gefühle

Es klingt seltsam, aber Ihr Job ist es nicht, den Coachee dazu zu bringen, Dampf abzulassen, es tut zwar gut, fördert aber nur die negativen Gefühle.

„Freilich steht die Kontrolle der Gefühle im Gegensatz zu einer noch immer weit verbreiteten Psychologie. Viele Menschen glauben, ein Wutanfall würde sie von der Wut befreien, Tränen von der Trauer erlösen. Diese Vorstellung hat sich inzwischen als schlicht falsch erwiesen und ist oft sogar schädlich. Dahinter steht eine Auffassung von den Emotionen, die aus dem vorletzten Jahrhundert stammt und die inzwischen so überholt ist wie der Glaube, die Erde sei eine Scheibe. Sie sieht das Gehirn als Dampfkessel, in dem sich negative Gefühle als Druck aufstauen können und abgelassen werden müssen, um eine gefährliche Überreaktion, ein wortwörtliches ‚Platzen vor Zorn' zu vermeiden." (Klein, 2002, 61)

Natürlich erleichtert es, sich erstmal Luft zu machen, aber man bemerke den feinen Unterschied: Luft ist naturgegeben, umgibt uns alle. Dampf wird durch Erhitzung künstlich erzeugt. Hier machen wir uns Luft, dort lassen wir Dampf ab. Das tut vorübergehend gut, aber danach fühlen wir uns ausgepumpt. Mag sein, dass es der Psychohygiene dient, also möglicherweise einen reinigenden Effekt besitzt. Sie sollten dies jedoch nicht zu lange unterstützen, denn die negative Spirale dreht sich nur noch weiter nach unten.

Beispiel

> Coachee: „Nachträglich könnte ich ihm eine scheuern, beispielsweise als ich ihm sagte, ob er vielleicht die TAN falsch eingegeben hätte. Und er antwortete: ‚Ach, für blöd halten Sie mich also auch noch.' Wenn man so angemacht wird, ..."
>
> Coach: „Ja, das stimmt. Der war so richtig in Fahrt und nutzte alles, was Sie ihm antworteten, um es gegen Sie zu verwenden. Aber jetzt stoppen Sie mal: Was ist denn der Kern der Aussage, was steckt dahinter?"
>
> Coachee: „Na ja, wenn ich so genauer darüber nachdenke: Er fühlte sich wohl von mir nicht ernst genommen oder hatte den Eindruck, ich wollte ihm die Schuld daran geben, dass er mit dem Online-Banking nicht klar kam."
>
> Coach: „Ja, den Eindruck hatte ich auch. Der Kunde hat Sie mit einigen Aussagen wirklich zu Unrecht verletzt, aber hier haben Sie sich ein Eigentor geschossen."

Indem Sie nicht einseitig die Schuld dem Coachee geben, sondern es auf diese Situation beschränken, wird das Ganze erträglich für ihn. An dieser Stelle hilft es, folgenden Hinweis zu geben: „5 Prozent aller Einwände verursacht der Verkäufer selbst. 75 Prozent aller Einwände entstehen aufgrund mangelnder Klärung durch Fragen, und die restlichen 20 Prozent sind die Würze, die das Gespräch erst interessant machen!" Dies war eines von selbst verursachten 5 Prozent!

3. Analysieren Sie die Krisensituation und lösen Sie sie

Krisen sind das Salz in der Suppe. Kein Tag ohne Nacht, kein Berg ohne Tal, schwierige Situationen sind normal, und auch wenn wir sie gerne vermeiden würden, wachsen wir an ihnen. Das merken wir aber oft erst nachträglich. Folgende Checkliste kann Ihnen bei der Analyse eines schwierigen Kundengesprächs hilfreich sein.

Checkliste für Krisengespräche

✓ Hat der Coachee das Problem ernst genommen?

✓ Hat er aktiv zugehört?

✓ Ist er ruhig geblieben?

✓ Hat er emotional Verständnis gezeigt?

✓ Hat er die Situation entspannt?

✓ Ist er ruhig und sachlich geblieben?

✓ Hat er die Sachlage kompetent geklärt?

✓ Hat er sich bei berechtigter Reklamation entschuldigt?

✓ Hat er eine Problemlösung angeboten?

✓ Hat er den Nutzen der Problemlösung vermittelt?

✓ Ist er bei einer berechtigten Reklamation bezüglich der rechtlichen Möglichkeiten kompetent gewesen?

✓ Hat er die Lösung zeitlich und personell zugesichert? (Wer macht was bis wann?)

✓ Hat er die Einhaltung seiner Zusagen zugesichert?

✓ Hat er eine kleine Aufmerksamkeit, einen Mehrwert angeboten?

(Mehr zum Thema siehe Haas, v. Troschke, 2007, S. 47 ff.)

Folgende Fettnäpfchen sollte der Coachee vermeiden.

▶ Schuld auf andere schieben: *„Ich kann nichts dafür, das war mein Vorgänger."*

▶ Unhaltbare Versprechungen: *„Das wird sofort repariert."*

▶ Langwierige Rechtfertigungen: *„Das liegt daran, dass bei uns zwei Leute krank geworden sind, einer ist in Urlaub, und überhaupt geht heute alles schief, weil der Computer abgestürzt ist."*

▶ Aus Vermutungen voreilige Schlüsse ziehen: *„Habe schon verstanden. Sicher fehlt Ihnen das Teil x. Da kann man nur y machen."*

▶ Demonstrative Gleichgültigkeit: *„Jeder hat doch sein Geld in jenen Jahren an der Börse verloren."*

Wenn Sie als unbeteiligter Coach feststellen, dass der Coachee einige Fehler begangen hat oder Leitlinien für den Umgang mit Kunden in schwierigen Gesprächen nicht beachtet hat, klären Sie das mit dem Coachee gemeinsam.

Beispiel

Coach: „Kommen wir zu der Phase, als der Kunde sagte, er wolle ein Haus in Südfrankreich kaufen. Er wollte gerne einen Immobilienkredit und schwärmte von seinem Haus, der Lage und dass das in der EU doch nun möglich sein müsste. Was war Ihr Empfinden und wie reagierten Sie?"

Coachee: „Ja, ich bin nun mal nicht so der Frankreich-Fan, deshalb habe ich da nicht besonders euphorisch reagiert."

Coach: „Also am Anfang waren Sie sehr offen, ich fand es auch klasse, dass Sie sich nach dem genauen Standort erkundigten, aber dann kippte das Gespräch. Was war los?"

Coachee: „Als er das alles beschrieb, nach dem Motto ‚mein Haus, mein Auto, meine Frau', da nervte mich diese Angeberei. Im Nachhinein weiß ich aber immer noch nicht, wieso es plötzlich schlechter lief. Ich habe mir meiner Ansicht nichts anmerken lassen."

Coach: „Gut, dass Sie mir das sagen. Ich habe es erst auch nicht verstanden, dann fiel mir Ihre Körpersprache auf: Sie lehnten sich immer mehr zurück, während er in seiner Begeisterung immer mehr nach vorne kam. Da hatte ich den Eindruck, jetzt steigen Sie aus."

Coachee: „Das ist ja interessant. Aber daran wird es doch wohl nicht gescheitert sein?"

Coach: „Nein, sicher nicht. Wie wirkt es auf Sie, wenn ich dann sage: ‚Naja, ich fürchte, da können wir nichts machen. So weit sind wir noch nicht in der EU.'

Coachee: „Ja, das klingt nicht so geschickt. Aber wir können doch tatsächlich nicht in der EU finanzieren. Was soll ich ihm denn anbieten?"

Coach: „Stimmt, das ist kompliziert, weil wir Wertgutachten etc. brauchen. Bevor Sie jedoch gleich ablehnen, zeigen Sie Ihr Engagement, indem Sie dem Kunden versprechen, sich kundig zu machen. Manchmal ergeben sich ungeahnte Chancen ... Herr Ahrend hatte einen ähnlichen Fall neulich und fragte, ob es ein schuldenfreies Objekt gäbe, das man vielleicht beleihen könnte. Die Idee war klasse, weil unsere Zinsen einfach noch mal besser sind als in Südeuropa, und so entschloss sich der Kunde, bei uns zu finanzieren."

Verkäufer wollen verkaufen und daran Spaß haben, sonst würden sie nicht lange in dem Job bleiben. Dazu gehört Kundenorientierung und die Fähigkeit, ja sogar die Lust, mit den unterschiedlichsten Situationen klarzukommen. Wenn man Verkäufer fragt, was ihnen an ihrem Beruf Freude bereitet, so kommt mit 90-prozentiger Sicherheit die Antwort: „Kontakt mit Kunden". Deshalb können Sie als Coach davon ausgehen, auch wenn es manchmal schwer ist, adäquat zu handeln: Verkäufer wollen wissen, wie sie besser werden können, und denken nur zu Beginn ihrer Karriere darüber nach, das Handtuch zu werfen. Wer sich einmal bewusst für diesen Beruf entschieden hat, will ihn bestmöglich ausfüllen.

4. Üben Sie Fehlertoleranz

Wenn Sie bei einem Gespräch dabei waren, dass der Berater aus Ihrer Sicht gut geführt hat, auch wenn es zu keinem oder zu einem schlechten Ergebnis führte, bestätigen Sie ihn.

Doch wenn Sie von außen feststellen, dass der Berater heute nicht gerade seine Bestleistung abgeliefert hat, dann üben Sie sich in Toleranz. Gerade durch Fehler lernen wir, wenn es auch schmerzhaft ist. Erzählen Sie dem Coachee die Eine-Million-Dollar-Story (s. unten) oder zitieren Sie den Spruch: „Einen Fehler zu machen, ist verständlich und normal, ihn immer wieder zu machen, unverzeihlich."

Meistens schmerzt den Coachee selbst ein schief gelaufenes Gespräch so sehr, dass er alles daran setzen wird, dass das nächste ihm wieder ein Erfolgerlebnis vermittelt. Vermeiden Sie deshalb bei einem schwierigen Gespräch eine zu detaillierte Analyse, greifen Sie zwei bis drei Punkte heraus und bestärken Sie den Berater in allem, was positiv war.

Der 1 Million-Dollar-Fehler

Der Stahl-Magnat Andrew Carnegie zitierte in den 30-er Jahren einen neuen Manager zu sich, der (noch in der Probezeit) eine falsche Entscheidung getroffen hatte, die die Firma eine Million Dollar kostete. Der Manager setzte sich verlegen auf die vorderste Stuhlkante und meinte: „Sie werden mich jetzt sicher feuern." Darauf Andrew Carnegie: „Wie kommen Sie denn darauf? Wir haben gerade eine Million Dollar in Ihre Ausbildung investiert! Wieso sollen wir Sie jetzt fortschicken?" (Birkenbihl, 2001, S. 111)

7. Einführung von Vertriebscoaching

Vertriebscoaching kann ein erstklassiges Führungsinstrument sein, das Mitarbeiter motiviert, fördert und ihre Effektivität steigert. Es kann jedoch auch ein kümmerliches Schattendasein führen, nicht ernst genommen werden oder sogar Angst erzeugen.

Damit Ihr Coaching von Erfolg gekrönt ist, klären wir durch folgende Punkte die notwendigen Rahmenbedingungen und wie Sie am besten bei Ihren Mitarbeitern das Thema einführen:

▶ Unterstützung im Unternehmen

▶ Grenzen für Vertriebscoaching

▶ Information der Mitarbeiter bei Kick-off-Veranstaltung

▶ Häufig gestellte Fragen der Mitarbeiter und mögliche Antworten

▶ Zeitpunkt und Zeitrahmen

▶ Vermeidung von Angst, Stress und Enttäuschung

7.1 Unterstützung im Unternehmen

Die Unterstützung der Unternehmensleitung bei der Implementierung von Coaching als Führungsinstrument ist eine wichtige Grundvoraussetzung, damit Vertriebscoaching nicht nur von einigen wenigen Führungskräften sporadisch praktiziert wird.

Checkliste: Voraussetzungen im Unternehmen	Ja	Nein
Haben wir eine klare Personalentwicklungsstrategie?		
Ist Vertriebscoaching Bestandteil dieser Strategie?		
Ist es eine eigenständige Maßnahme oder Teil einer Maßnahme?		
Ist das Verständnis von Vertriebscoaching klar kommuniziert worden?		
Stehen Unternehmensleitung und Personalentwicklung dahinter?		
Ist Vertriebscoaching Bestandteil von Zielvereinbarungen mit Führungskräften?		
Ist die Zielgruppe der zu coachenden Mitarbeiter klar definiert?		
Wird diese mit Zielvereinbarungen geführt?		
Sind Betriebs-/Personalrat informiert?		
Gibt es ein klares Kompetenzprofil für den Vertriebscoach?		
Sind die Führungskräfte für ihre Tätigkeit als Vertriebscoaches sorgfältig vorbereitet und ausgebildet worden?		

Eine klare Personalentwicklungsstrategie orientiert sich an der Umsetzung der Unternehmensziele, eingebettet in die Unternehmenskultur.

Vertriebscoaching wird insbesondere als Bestandteil der Personalentwicklungsstrategie wirksam, wenn die Führungskräfte und Mitarbeiter erkennen, warum, wozu und in welchem Kontext diese Maßnahme durchgeführt wird. Von der jeweiligen Strategie hängt ab, ob sie eigenständig beispielsweise zur generellen Förderung der Vertriebsfähigkeit oder als ein Baustein von mehreren eingesetzt wird, etwa bei Konzepten wie „ganzheitliche Beratung" oder bei kundenspezifischen Aktionen.

Mitarbeiter wehren sich – zu Recht – gegen nicht nachvollziehbare „Beschlüsse". Wenn sie klar und deutlich über die Bedeutung von Vertriebscoaching informiert werden, die Möglichkeit haben,

Fragen zu stellen, ihre Bedenken zu äußern, und merken, dass die Geschäftsführung sowie ihre unmittelbaren Führungskräfte dahinter stehen, lassen sie sich eher auf den Prozess ein (siehe Abschnitt 7.3 und 7.4).

Führungskräften wiederum erleichtert eine Zielvereinbarung, in der ihre Tätigkeit als Vertriebscoach Bestandteil ist, die konsequente Verfolgung dieses Ziels. Ebenfalls müssen die zukünftigen Coaches ein Zeitkontingent für ihre Coachingtätigkeiten einplanen, sonst fällt es gerne – mangels verfügbarer Zeit – unter den Tisch.

Anhand dieser Ziele und der gemeinsamen Strategie sollten die Führungskräfte schließlich die Coachees definieren, die gecoacht werden sollen. Hilfreich ist, wenn möglichst viele davon partizipieren, denn werden nur wenige ausgewählt, fragen sich diese vielleicht: „Warum ich?" oder die Nicht-Betroffenen: „Warum ich nicht?". Doch sollte sich die Entscheidung, wer in den Genuss von Coaching kommt, an den Zielen und den zu fördernden Kompetenzen ausrichten, nicht an einer basisdemokratischen Gleichverteilung.

7.2 Grenzen des Vertriebscoaching

Nicht weil es schwer ist, wagen wir es nicht,
sondern weil wir es nicht wagen, ist es schwer. (Seneca)

Coaching ist weder eine Wunderwaffe noch ein Allheilmittel. Daher gibt es auch für das beste Coaching gewisse Grenzen.

Die Grenzen können bedingt sein durch:

▶ das Unternehmen,

▶ die Organisation,

▶ die Vorgesetzten,

▶ die MitarbeiterInnen,

▶ das Umfeld/die Kultur,

▶ die Person der Führungskraft selbst.

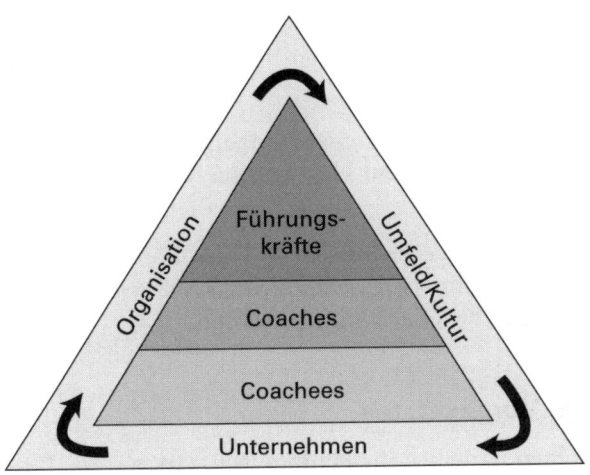

Abbildung 20: Grenzen des Coaching

Grenzen durch das Unternehmen

Wenn ein Unternehmen Coaching nur partiell und punktuell zum Beispiel nur in einer kleinen Region einsetzt, so ist das für den Anfang sicher sinnvoll, um erste Erfahrungswerte quasi als „Pilotprojekt" zu erhalten. Wenn Vertriebs- und Servicecoaching aber dann nicht konsequent in die Breite getragen wird und vom Unternehmen keine Rückendeckung erhält, führt es bald ein sektiererisches Dasein und hat wenig Chance auf Breitenwirkung.

> **... denn Coaching wirkt durch Quantität, Kontinuität und Qualität!**

Grenzen durch die Organisation

Wenn ein Unternehmen KVP (Kontinuierlicher Verbesserungsprozess), Business-Reengineering oder Lernende Organisation einführt, bleiben andere Prozesse oft auf der Strecke. Wenn Coaching heute die Parole ist und morgen ein anderes „Allheilmittel" ausgerufen wird, braucht man sich nicht zu wundern, wenn es als veraltete Modeerscheinung in der Versenkung verschwindet. Und die Führungskraft setzt sich eben einen neuen Hut auf.

Jeder Veränderungsprozess sollte das Coachingpotenzial nutzen, denn Unternehmen brauchen mehr denn je gute Vertriebs- und Servicemitarbeiter.

Auch und gerade weil sich unsere Kaufgewohnheiten verändern und Call-Center an Bedeutung gewinnen: Hier hat der Coach ein reichhaltiges Betätigungsfeld.

Neben allen sinnvollen Change-Prozessen und der Förderung von Veränderungsbereitschaft sollte das Coachingwerkzeug in jeden Führungskräfte-Handwerkskoffer übernommen werden.

Grenzen durch die Vorgesetzten

Die Vorgesetzten richten natürlich ihr Hauptaugenmerk auf die Einhaltung von Strategien und die Erreichung von Zielen. Deshalb ist es wichtig, sie für Coaching als Personalentwicklungskonzept zu gewinnen. Wer als Coach effektiv arbeiten will, braucht die Unterstützung seiner Chefs, um

▶ die Akzeptanz in der Mannschaft zu bekommen und

▶ den dafür nötigen Freiraum zu erhalten.

Denn Coaching ist mit Sicherheit ein langfristiges Investment und kein Sofort-Heilmittel.

Kommt das Coachingkonzept von der Personalabteilung, brechen leicht die alten Animositäten wieder auf: dort die Theoretiker, hier die Praktiker. Dort die esoterisch angehauchten Luftschlösserbauer, hier die „Macher", die an Zahlen gemessen werden und für derlei Kinkerlitzchen wie „Coaching" nun wirklich keine Zeit haben.

Wenn der Chef mit der Aussage kommt: „Was, Sie wollen wöchentlich drei Stunden coachen! Ja, wie wollen Sie denn da noch Ihre Ziele erreichen?!", werden die Grenzen sehr deutlich aufgezeigt.

Es erleichtert die Arbeit außerordentlich, wenn Personalabteilung und Vertriebsleiter bei der Implementierung von Coaching an einem Strang ziehen. Vorgesetzte können Coaching zum Teil ihrer Zielvereinbarungen mit dem Fachvorgesetzten machen und sollten dafür Freiräume schaffen.

Grenzen durch die Mitarbeiter

Die Grenzen können quantitativ oder in der Einstellung der Mitarbeiter begründet sein.

Beispiel

In einem großen Telekommunikationsunternehmen hatten die Service-Teamleiter Gruppen von 30 bis 40 Mitarbeitern. Für die Führungskräfte war es schlicht unmöglich, alle zu coachen. Unser Vorschlag, zwei bis drei erfahrene, pädagogisch begabte Mitarbeiter auszuwählen, die bei den Kollegen auch eine hohe Akzeptanz und Wertschätzung besitzen, und sie zu Coaches auszubilden, bewährte sich.

Ist das Team zu groß und die Kapazitäten begrenzt, hilft es, frühzeitig Multiplikatoren auszubilden.

Mit der Einstellung ist es schon schwieriger. Da Coaching nur als gewollter Prozess funktioniert, ist die Akzeptanz der Mitarbeiter unabdingbar.

Wenn es einem Coach gelingt, dass die Coachees von selbst zu ihm kommen und nach dem nächsten Coaching fragen, dann erst hat er es geschafft. Darauf kann er zu Recht stolz sein. Die ersten Schritte sind: eine fundierte Einführung des Instruments bei den Mitarbeitern und schließlich gute Coachings, die im partnerschaftlichen Dialog verlaufen. Coaching, das nicht auf Fehlern herumreitet, sondern Stärken stärkt und Schwächen schwächt.

Eine positive Einstellung entsteht für den Coach durch positive Erfahrungen und Vertrauen. Die beste Propaganda ist die Empfehlung von Kollegen („der/die ist gut, das bringt dir etwas").

Grenzen durch das Umfeld/die Unternehmenskultur

Beispiel

Als wir im Rahmen eines Coachingprojekts bei einer großen deutschen Bank vor vielen Jahren die ersten Coachingseminare in einer ostdeutschen Stadt durchführten, stellten wir fest, dass sich die angehenden Coaches in einem Dilemma befanden. Einerseits wollten sie das Coachinginstrument gerne nutzen und sahen es als wertvoll an, andererseits waren sie sehr skeptisch bezüglich der Akzeptanz bei ihren Mitarbeitern. Das war durchaus nachvollziehbar: Ihre Mitarbeiter waren im ehemaligen DDR-Regime „groß geworden" und es gewohnt, Anweisungen zu erhalten und diese durchzuführen. Kooperativer Führungsstil oder eigenverantwortliches Handeln wurde nicht gerade gefördert. Der Chef als Coach, der mit ihnen „gemütlich" ein Kundengespräch analysiert, würde sie vermutlich zutiefst verwirren. Gemeinsam erarbeiteten wir in einem Workshop, wie sie unter den gegebenen Bedingungen das Instrument sinnvoll einsetzen konnten und welche vorbereitenden Maßnahmen notwendig waren.

Das Umfeld und die Kultur können das Coaching stark begrenzen. Wichtig ist, das persönliche Bewusstsein dafür zu entwickeln und zu reflektieren, was innerhalb dieses Rahmens möglich ist. Hier hilft der pragmatische Denkansatz: Wenn ich Coaching nicht in der Idealform durchführen kann, wie dann? Welche zusätzlichen Wege gibt es?

Grenzen durch die Person der Führungskraft selbst

Last but not least werden die Grenzen des Coaching durch die Führungskraft selbst festgelegt. Aus unserer Erfahrung sind es – neben der Nichterfüllung der in Abschnitt 1.5 genannten Anforderungen – drei wesentliche Aspekte:

1. Umsatzbeteiligung

2. Mangelnde Selbstdisziplin

3. Rollenkonflikt: Führungskraft versus Coach

1. Umsatzbeteiligung

Je stärker ein Vertriebschef/Coach am Umsatz beteiligt ist, desto mehr wird er darauf achten, dass er selbst sägt, und nicht die Säge schärfen. Es verhält sich ähnlich wie bei amerikanischen Aktiengesellschaften, die von Quartalsergebnissen getrieben werden. Es wird enorm schwer, langfristige Prozesse anzuschieben. In Banken, in denen es zwar Umsatzverantwortung und -ziele gibt, tut sich eine Führungskraft dennoch mit Coaching leichter als bei einem Finanzdienstleister, bei dem die Führungskräfte ihr Einkommen selbst über ihre Produktivität bestimmen.

2. Mangelnde Selbstdisziplin

Der „innere Schweinehund" ist ein treuer Gefährte. Deshalb ist es bei der Auswahl von Coaches notwendig, ein intensives Vorgespräch über die Aufgaben, Kompetenzen und Pflichten als Coach zu führen. Denn das regelmäßige, kontinuierliche Coaching trägt dem Wissen über Entwicklung, Veränderung und Lernen bei uns Menschen viel eher Rechnung als ein einmaliges Training.

Experiment

Lassen Sie sich auf ein kleines Experiment ein: Nehmen Sie bitte ein Blatt Papier zur Hand und schreiben Sie ein beliebiges Wort, zum Beispiel Vertriebscoaching darauf.

Danach schreiben Sie dasselbe mit der anderen, also Ihrer Nicht-Schreibhand. Vermutlich stellen Sie fest, dass es ein wenig länger dauert und auch nicht ganz so schön aussieht. Was schätzen Sie, wie lange es dauern würde, bis Sie genauso schnell und leserlich mit der anderen Hand schreiben können? – Im Durchschnitt, bei täglichem Üben von circa zwei Stunden, einen Monat. Ganz schön lange. Diese Zeit werden Sie nur investieren, wenn Sie etwas davon haben oder wenn der Leidensdruck sehr groß ist, zum Beispiel Ihre Schreibhand aus irgendeinem Grund außer Gefecht gesetzt ist.

Deshalb braucht der Coach „Geduld und einen langen Atem", damit er Erfahrung und Übung bekommt und ihm das Coaching zum selbstverständlichen Bestandteil seines Arbeitsalltags wird. Und damit seine Mitarbeiter wirklich Fortschritte machen können, sollte er auch mit ihnen Geduld haben und sie den Nutzen erleben lassen. Dazu braucht der Coach Konsequenz und Selbstdisziplin.

3. Rollenkonflikt: Führungskraft vs. Coach

Grenzkonflikte entstehen vor allem in der Wahrnehmung der Rolle als Führungskraft und als Coach. Diese Konflikte und mögliche Lösungen wurden bereits ausführlich in Abschnitt 6.3 behandelt. Hier sei noch auf die Nützlichkeit von Spielregeln hingewiesen:

„Die Führungskraft ist im Coaching (...) nicht in der Rolle des Definierens und Bestimmens, vielmehr übernimmt diese Rolle der Gecoachte selber. Dieser Wechsel in der Verantwortung widerspricht jedoch den geltenden ‚Spielregeln' in den meisten Unternehmen. Sollen diese geänderten Regeln für das Coaching gelten, müssen sie daher explizit vereinbart werden. (...) Der Kontrakt dient der veränderten Rollendefinition zwischen Führungskraft und Verkäufer in der konkreten Coachingsitzung und der Absicherung des Gecoachten." (Koch et al., 2001, S. 124ff.)

> **Fazit:**
>
> Wenn Sie die volle Unterstützung Ihres Unternehmens haben, machen Sie sich an die Planung und sorgen Sie für gute Rahmenbedingungen beim Coaching. Lassen Sie sich von den Grenzen, auf die Sie vermutlich immer wieder stoßen werden, nicht vom Weg abbringen.

7.3 Information der Mitarbeiter

Jetzt kann es losgehen! Am besten, Sie organisieren eine Kick-off-Veranstaltung mit Ihren Mitarbeitern, um sie offiziell über den Start des Vertriebscoaching in Ihrem Hause, Ihrer Abteilung, Ihrer Zweigstelle zu informieren. In Folgenden erfahren Sie, wie Sie dies am besten vorbereiten, und erhalten zudem wertvolle Tipps für die Durchführung.

Auch wenn Sie noch so gut die Idee von Coaching präsentiert haben, es werden Fragen oder skeptische Einwände kommen, und das ist gut so! Eine Seminarteilnehmerin sagte in einem Präsentationstraining: „Wenn am Ende keine Fragen kommen, denke ich mir, mein Vortrag ist schlecht gewesen. Ein Vortrag sollte immer zu Fragen animieren." Wir können ihr nur zustimmen. In Abschnitt 7.4 haben wir für Sie die häufigsten und drängendsten Fragen der Mitarbeiter zusammengestellt und zeigen, wie Sie sie beantworten können.

Schließlich kommt der entscheidende Schritt: die Umsetzung in die Praxis. Eine kleine Warnung und einen großen Appell möchten wir Ihnen in Abschnitt 7.6 mit auf den Weg geben.

Haben Sie schon einmal die „stille Post" gespielt? Jemand sagt etwas zu einer Person, während die anderen Kollegen draußen sind. Dann wird der Nächste hereingerufen, erfährt diese Nachricht von dem zweiten, ohne Rückfragen stellen zu dürfen, er gibt sie weiter an den Nächsten usw. Sie können sich vorstellen, dass am Ende immer die wunderbarsten Vermutungen, Interpretationen und Erfindungen die alte Nachricht komplett verändert haben. Bei Loriot eröffnet der Papst mit seiner Nichte in Wuppertal eine Boutique. Dasselbe passiert mit einem Gerücht, das in der Firma herumgeht. Und wenn es sich bei dem Gerücht darum handelt, dass Vertriebscoaching eingeführt wird, ahnen Sie sicher, dass sehr seltsame Deutungen dabei herauskommen können: „Die da oben wollen uns ab jetzt dressieren", „Jetzt spielen wir auch hier noch ‚Big Brother'", „Ich habe gehört, dass die nächste Gehaltserhöhung davon abhängt" usw. Mit einer Informationsveranstaltung kommen Sie diesen Gerüchten zuvor.

Leitfaden für Ihre Informationsveranstaltung

1. Die Bedeutung von Coaching darstellen

2. Den Sinn und Nutzen herausstellen

3. Das Prozedere erklären

4. Fragen beantworten und Einwände beseitigen

5. Ausblick geben

Dauer: circa eine Stunde

Die folgenden Abbildungen dienen der Illustration und Anregung für Ihre Informationsveranstaltung und stammen von Teilnehmern unserer Ausbildung zum Vertriebscoach.

Tipps für Ihre Präsentation:

▶ Beginnen Sie mit einem pfiffigen Einstieg, mit einem Zitat, einer Metapher, einer kurzen Geschichte oder einer Frage.

Abbildung 21: Begrüßungschart

Abbildung 22: Motto „Gemeinsam zur Meisterschaft"

▶ Geben Sie einen Überblick über das Ziel, die Gliederungspunkte und die Zeitdauer und vereinbaren Sie eventuell ein paar Spielregeln („Fragen bitte am Ende; ausreden lassen; konstruktiv diskutieren").

▶ Fragen Sie, was ihre Zuhörer mit dem Begriff Coaching assoziieren.

▶ Vermitteln Sie den Coachinggedanken klar und übersichtlich.

▶ Nutzen Sie den Vergleich mit dem Sport (z. B. Fußball: Management – Vorstand, Trainer – Coach, Spielführer – Führungskraft, Spieler – Mitarbeiter, Fans – Kunden, Gegner – Mitbewerber).

▶ Sprechen Sie überzeugend und motivierend. („Nur wer selbst brennt, kann andere entzünden.")

144

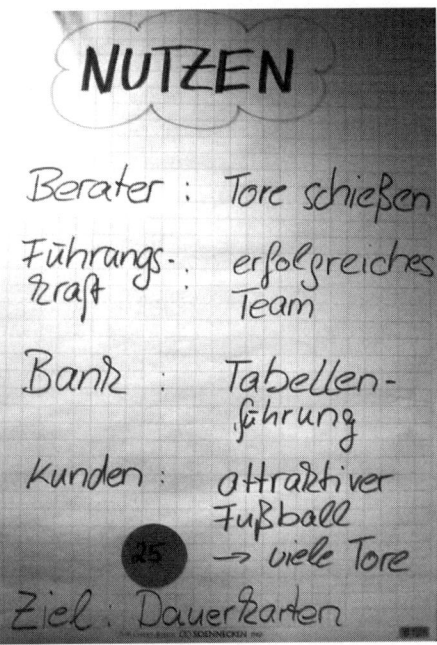

Abbildung 23: Nutzen

▶ Nehmen Sie Fragen vorweg („Manche von Ihnen mögen sich fragen"), arbeiten Sie hier eher mit vagen, indirekten Formulierungen, die keine Widerstände erzeugen, als mit unterstellenden Behauptungen wie „Sie alle fragen sich sicher ...". („Woher will er denn das wissen?!")

▶ Nicht zu viele Details, die kann sich keiner merken und sie führen leicht zu Missverständnissen.

▶ Kurze Sätze, viele Beispiele und Metaphern.

▶ Direkte Adressierung der Mitarbeiter mit Nutzenargumentation:

– **Nutzen für unsere Mitarbeiter:** „Ihnen bringt es eine noch höhere Effizienz, eine Weiterentwicklung Ihrer Stärken und Sie erkennen, wo Sie sich noch verbessern können. Dadurch entsteht mehr Motivation und Zufriedenheit, weil Sie leichter mehr Erfolg haben werden." Meine Bitte an Sie: „Lassen Sie sich auf den Prozess ein und nutzen Sie diese Chance! Nur mit Ihrer Offenheit und Unterstützung wird Coaching erfolgreich sein."

- **Nutzen für unsere Kunden:** „Für unsere Kunden wollen wir dadurch noch mehr Wertschätzung, intensivere Beratung und bessere Qualität sicher stellen. Denn unsere Kunden sind heiß umkämpft, wesentlich sensibler für gute Beratung und die Erfüllung ihrer Wünsche geworden und zudem abwanderungsbereiter als früher."

- **Nutzen für unser Unternehmen:** „Für unser Unternehmen erhoffen wir uns natürlich dadurch eine Steigerung der Qualität, damit auch unseres Images am Markt und eine größere Nutzung unserer Ertragsmöglichkeiten."

- **Nutzen für uns als Führungskräfte:** „Wir freuen uns, wenn Sie noch selbstständiger und erfolgreicher in Ihren Gesprächen werden, weil Sie uns dadurch entlasten und zum Gesamterfolg beitragen. Deswegen ist es gut investierte Zeit."

▶ Gehen Sie auf das Procedere ein: Wie wird das Coaching ablaufen? Wie sind Organisation und zeitlicher Rahmen?

▶ Visualisieren Sie, wo Sie können: „Ein Bild sagt mehr als 1000 Worte", die bildliche Unterstützung Ihrer Aussagen bleibt einfach

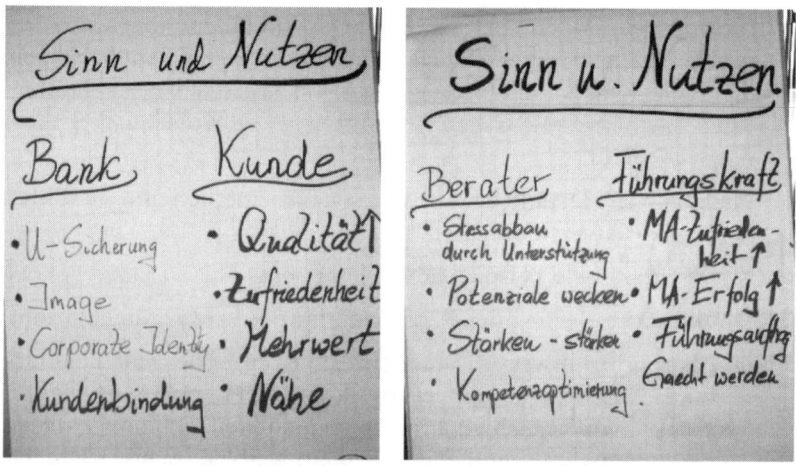

Abbildung 24: Sinn und Nutzen für alle Betroffenen

besser haften und vieles wird verständlicher, wenn es gleichzeitig durch Power Point oder den Einsatz von Flipchart dargeboten wird. Eine gute Vorbereitung zeigt sich auch in einer ansprechenden Visualisierung.

▶ Aktivieren Sie Ihre Zuhörer durch Fragen. Auch rhetorische Fragen, die Sie selbst beantworten, regen zum Mitdenken an.

▶ Halten Sie ein leeres Flipchart für Fragen bereit. Auch hier gilt: Wenn Fragen notiert sind, weiß der Fragesteller, dass sie beantwortet werden, sonst tauchen sie immer wieder auf, aus Angst, sie könnten untergehen.

▶ Halten Sie in einer Spalte daneben die Antworten fest. So sehen alle Beteiligten schwarz auf weiß, wie Sie auf jeden Punkt eingehen.

▶ Gehen Sie auf Einwände wertschätzend ein. Einwände können im wahrsten Sinne des Wortes eine Wand zwischen Ihnen und den Mitarbeitern aufbauen. **Statt** „das habe ich mir gedacht, dass (gerade) Sie diesen Einwand bringen" **besser:** „Vielen Dank für den Hinweis, ... die Frage, ... das ist ein wichtiger Aspekt, den Sie erwähnen ..."

▶ Ziehen Sie ein kurzes, knackiges Fazit.

▶ Formulieren Sie am Ende Ihren Wunsch an Ihre Mitarbeiter:

„Am besten erfahren Sie durch ‚Learning by doing', wie Coaching in der Praxis aussieht. Deshalb probieren Sie es jetzt aus und wählen Sie interessante Kundengespräche, damit Sie wirklich etwas davon haben."

▶ Formulieren Sie einen abschließenden Appell: „Packen wir es an, am Montag geht's los!"

▶ Rufen Sie abschließend aktiv zu Fragen auf: **statt** „Haben Sie noch Fragen?" **besser:** „Welche Fragen haben Sie an mich?", „Was möchten Sie gerne noch geklärt haben?"

▶ Enden Sie nach dem Fragenblock mit einem motivierenden Schlussstatement: „Vielen Dank für die spannende Diskussion. Ich freue mich schon auf die ersten Coachinggespräche und bin sicher, dass der Coachingprozess uns insgesamt enorm voranbringen wird!"

Je nachdem, wie weit oben Sie in der Hierarchie Ihres Unternehmens angesiedelt sind und wie weit Coaching bereits in Ihrem Unternehmen gewünscht und etabliert ist: Es ist für Ihren Erfolg unerlässlich, sich die Rückendeckung von Ihren Vorgesetzten, im Genossenschaftssektor von den Vorständen, von der Personalentwicklung und vom Betriebsrat zu holen.

> **Wichtig: Holen Sie sich die Unterstützung von Unternehmensleitung, Personalleitung und Betriebsrat im Vorfeld ein!**

Ob Sie die betroffenen Bereiche bei einer Präsentation gemeinsam informieren oder ob Sie Einzelgespräche führen, bleibt Ihnen und der Kultur Ihres Hauses überlassen. Ihr Gespräch können Sie mithilfe des oben beschriebenen Leitfadens vorbereiten.

Holen Sie Ihren Vorgesetzten, die Personalleitung und den Betriebsrat mit ins Boot, indem Sie um ihre aktive Unterstützung und Loyalität vor Ihrem Kick-off bitten.

Beispiel:

▶ **Gespräch mit Vorgesetztem:** „Ich brauche Ihre Unterstützung, es wäre toll, wenn Sie zu Beginn meines Kick-off ein paar motivierende Worte sagen können."

▶ **Gespräch mit Personalleitung/Betriebsrat:** „Bevor ich die Einführungsveranstaltung mache, würde ich mich gerne noch einmal mit Ihnen zusammensetzen, um von Ihnen die möglichen Fragen und Ängste der Mitarbeiter zu erfahren. So können wir sie gleich zu Beginn aktiv ansprechen und aus dem Weg räumen."

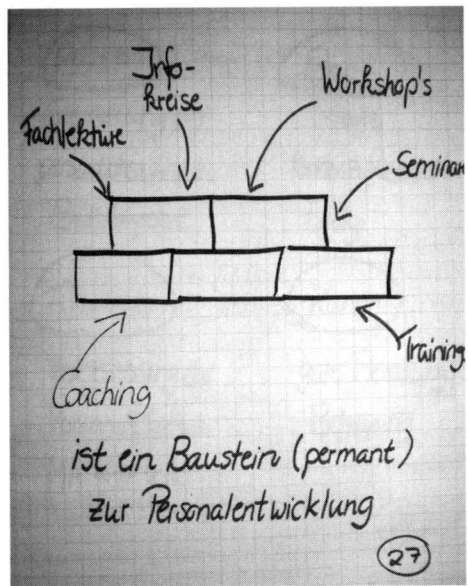

Abbildung 25: Visualisierung für Personalleitung

Ein gelungener Kick-off für Ihre Mitarbeiter ist entscheidend für Ihren Erfolg. Bereiten Sie ihn daher gut vor und machen Sie sich Gedanken, welche Fragen und Einwände Sie erwarten.

7.4 FAQ der Mitarbeiter

„FAQ = frequently asked questions" sind häufig geäußerte Fragen, die die Mitarbeiter bewegen und in denen sie zum Teil auch ihre Skepsis und Widerstände zum Ausdruck bringen. Ihre wertschätzende Beantwortung ermöglicht Ihnen, eine positive Erwartungshaltung für das Vertriebscoaching zu etablieren. Wir haben die wichtigsten für Sie zusammengestellt und auch mögliche Antworten formuliert. Am überzeugendsten sind Sie jedoch, wenn Sie die Fragen und Einwände mit Ihren eigenen Worten und Beispielen beantworten.

Fragen und mögliche Antworten

1. „Und Sie werden nur stumm beim Kundengespräch dabeisitzen – das kann ich mir gar nicht vorstellen."

Nutzen Sie den **Perspektivwechsel** („aus Ihrer Sicht, von Ihrem Standpunkt aus betrachtet, aus Ihrem Blickwinkel – und ich möchte Ihnen gerne zeigen ..., andererseits ..."):

„Ich kann gut verstehen, dass sich das für Sie merkwürdig anhört, dass ich bei den Gesprächen dabei bin, ohne etwas zu sagen, **und** (statt aber) ich möchte Ihnen gerne live zeigen, dass Ihre Sorge unbegründet ist."

2. „Warum beraten Sie nicht mit?"

„Ja, das ist eine gute Frage. Mir ist wichtig, dass Sie der „Herr im Ring" sind. In dem Moment, in dem ich mich in Ihr Gespräch einmische, untergrabe ich Ihre Kompetenz und das möchte ich nicht. Der Kunde soll ganz klar wissen, dass Sie sein Ansprechpartner sind."

3. „Ist das nicht Zeitverschwendung?"

Nutzen Sie das Reframing, eine Methode aus dem NLP, dem Gesagten einen neuen, positiven Rahmen zu geben.

„Wenn Sie mit Zeitverschwendung meinen, dass ich mir individuell und intensiv Zeit für Sie nehme, um Sie zu unterstützen, dann haben Sie recht. Ich sehe es als wertvolle Investition in unsere Mitarbeiter, denn Sie sind ausschlaggebend für unseren Erfolg. "

oder: „Sie wollen so wie ich, dass wir unsere Zeit effektiv nutzen. Gerade deswegen ist Coaching ideal, weil wir ganz gezielt an den Ihnen wichtigen Punkten arbeiten."

4. „Wenn mein Kunde das nicht will, dass Sie dabei sind?"

„Dann werde ich nicht dabei sein. Nur kommt das in den seltensten Fällen vor."

5. „Bleibt das auch vertraulich?"

„Vielen Dank für diese Frage, das ist ein ganz wichtiger Punkt. Meine Antwort lautet: Ja. Mit meinem Vorgesetzten habe ich vereinbart, dass ich ihn über die Ergebnisse informiere, aber nicht über einzelne Inhalte."

6. „Was passiert, wenn ich das nicht will?"

„Nichts, ich kann und will Sie nicht dazu zwingen. Denn mein Verständnis von Coaching basiert auf Freiwilligkeit. Ich bitte Sie nur um Ihre Bereitschaft, es einmal ausprobieren. Dann entscheiden Sie, ob Sie weitermachen wollen."

7. „Kommt das in die Personalakte?"

„Nein, die Ergebnisse halten wir kurz schriftlich fest, Sie sind für uns beide bestimmt und bleiben bei Ihnen und bei mir in meiner Coachingmappe."

7.5 Zeitpunkt und Zeitrahmen

Wenn die Unterstützung im Unternehmen gesichert ist und Sie Ihre Coachingmaßnahme geplant und eingeführt haben, lassen Sie Ihre Mitarbeiter nicht warten.

▶ Beginnen Sie das Coaching so früh wie möglich.

▶ Vereinbaren Sie regelmäßige Termine, nicht zu kurz hintereinander, etwa im Rhythmus von einer Woche oder 14 Tagen. Entscheiden Sie individuell, was für Sie machbar ist. Wichtig ist nicht – in Abwandlung eines bekannten Spruches – dass Sie stark anfangen, sondern dass Sie nicht stark nachlassen.

▶ Wenn Sie viele Mitarbeiter haben, die Sie nicht alle gleichzeitig coachen können, vereinbaren Sie anhand eines **Planes**, wer in welcher Reihenfolge und wie oft gecoacht wird. Wer nur wenige Coachees hat, kann flexibler agieren, sollte sich jedoch auch eines gemeinsamen Kalenders bedienen.

▶ Machen Sie sich und Ihrem Mitarbeiter die wertvolle Zeit bewusst: Vertriebscoaching ist ein teures Investment von Ihrer Seite, und es kostet die Arbeitszeit Ihres Mitarbeiters. Daher ist es nicht nur schade, sondern kostspielig, wenn Kundengespräche im Terminplan stehen, aber dann nicht stattfinden oder Kundengespräche als „Dummie-Termine" durchgeführt werden, das heißt, keine ernst zu nehmenden Verkaufsgespräche darstellen.

▶ Für das Vorgespräch und das Coachinggespräch benötigen Sie in der Summe circa 30 bis 60 Minuten. Hinzu kommt noch die Zeit, die das Kundengespräch dauert. Für Ihre Vorbereitung und Planung ist es daher sinnvoll, die für das Kundengespräch benötigte Zeit vorher mit dem Kundenberater abzusprechen.

▶ Es braucht nicht in die Länge gezogen zu werden, wichtig ist, dass es regelmäßig geschieht und keine „Eintagsfliege" ist.

▶ Das Pareto-Prinzip ist eine gute Richtschnur für die Frage, wie viel Zeit Sie für das Coaching aufwenden. 20 Prozent der Bevölkerung – so stellte es damals Vilfredo Pareto (1848 bis 1923) fest – besaß 80 Prozent des sogenannten Volkseigentums und 80 Prozent der Bevölkerung besaßen nur 20 Prozent. Diese Gesetzmäßigkeit kann man heute auf viele andere Bereiche ebenso übertragen. Für viele Führungskräfte gilt, dass 20 Prozent ihrer Zeit – effektiv eingesetzt – für 80 Prozent ihres Erfolges verantwortlich sind (vgl. Abb. 25). Wenn Sie es also schaffen, **20 Prozent Ihrer Zeit für Coaching** zu verwenden, also etwa einen Tag pro Woche, dann sind Sie vermutlich dabei, einen richtig starken Hebel für Ihren gemeinsamen Erfolg zu bedienen. Auch wer nicht so viel Zeit erübrigen kann, sollte sich vergegenwärtigen, dass diese Zeit eine ausgezeichnete Investition ist.

▶ Insgesamt sollte ein Verkäufercoaching nach circa sechs Monaten beendet sein.

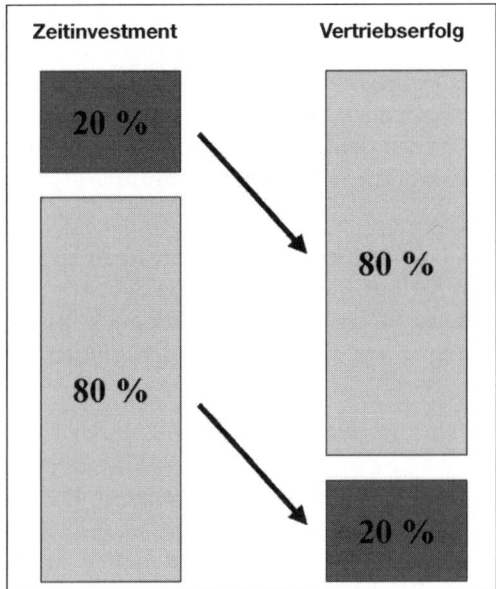

Abbildung 26: Das Pareto-Prinzip im Vertriebscoaching

7.6 Enttäuschung vermeiden

Über eines sollten Sie sich bewusst sein: Nicht nur für die Mitarbeiter kann das Vertriebscoaching zu Beginn Stress bedeuten, sondern auch für Sie. Normalerweise bewegen wir uns in unserer „Komfortzone", dieser Bereich ist uns vertraut und bekannt. Wann immer wir Neues lernen und zum Beispiel neues Verhalten ausprobieren, entsteht eine leichte Anspannung.

Wir bewegen uns aus unserer **Komfortzone** heraus in die **Stretchzone**. Nun passiert Folgendes: Wir strecken und recken uns im wahrsten Sinne des Wortes. Und wenn wir mit unserem Verhalten erfolgreich sind, freuen wir uns und eine natürliche Erweiterung unserer Komfortzone findet statt und der Handlungsspielraum, in dem wir uns wohl und sicher fühlen, ist größer geworden.

Es kann aber auch passieren, dass wir mit unserem ungewohnten Verhalten unsere Mitmenschen irritieren, diese vielleicht vermuten, es sei das Ergebnis eines Seminarbesuchs und man müsse nur abwarten, bis der „Anfall" vorüber ist. Wenn also das Feedback eines Coachees Ihnen gegenüber oder eines Kunden dem Coachee gegenüber negativ ausfällt, zieht sich der Betroffene schnell in seine Komfortzone zurück.

Als Coach können Sie Ihren Coachee fördern, indem Sie nicht zu viel auf einmal verlangen. Achten Sie auf kleine, machbare Schritte und erwarten Sie nicht die 100-Meter-Bestzeit. Dies gilt aber auch für Sie selbst! Nehmen Sie sich anfangs nicht zu viel vor und beginnen Sie nicht mit Ihren „härtesten Brocken".

Sie brauchen Übung und Erfahrung. Planen Sie deshalb Ihren Coachingprozess so, dass Sie sukzessive mit wohlwollenden Mitarbeitern und einfacheren Gesprächen beginnen und sich dann steigern. Freuen Sie sich über Empfehlungen von positiv gestimmten Mitarbeitern, denn sie sind für die Annahme des Coaching Gold wert und sparen Ihnen eine Menge Überzeugungsarbeit bei den skeptischen Mitarbeitern.

Um den „Stretch"-Prozess zu fördern, ist es wichtig, Erfolge zu feiern und Misserfolge vernünftig einzuordnen. Nach jeder Anspannungsphase sollte eine Entspannungsphase folgen, achten Sie daher darauf, dass Sie – wie bei der Besteigung eines hohen Berges – immer wieder Pausen zur Regeneration und Anpassung machen, bevor Sie die nächste Stufe in Angriff nehmen. Wenn Sie ein Coach-Tagebuch mit „Lessons learned" anlegen, zeigt es Ihnen binnen kurzer Zeit deutlich, welche Fortschritte Sie gemacht haben.

Geraten Sie nun in eine schwierige Situation, kann der Übergang in die Stresszone erfolgen.

Zwei Nachteile entstehen dadurch: 1. Jeder von Ihnen hat sicher schon einmal einen Black-out in einer stressigen Situation oder Prüfung gehabt, obwohl Sie vielleicht alles wussten oder gut vorbereitet waren. Aber das klare Denken mit dem Großhirn ist durch die Flutung von Adrenalin vorübergehend ausgeschaltet, der Zugang zu den eigenen Ressourcen versperrt.

Bleiben Sie selbst in Balance und überfordern Sie sich nicht. Auch für Sie gilt: Fehlertoleranz. Keiner erwartet von Ihnen, dass Sie Vertriebscoaching sofort perfekt beherrschen und alles richtig machen. Bei allem positiven Denken und guten Coachingabsichten gilt daher als oberstes Gebot:

Merke:

Bieten Sie sich und Ihrem Coachee Chancen, sich zu „stretchen", aber schützen Sie sich und ihn vor dauerhaftem Stress. Denn Coaching sollte Ihnen vor allen Dingen Spaß machen und Sie mit Stolz auf die positive Entwicklung Ihrer Mitarbeiter erfüllen!

Vertriebscoaching ist ein wunderbares Instrument der Mitarbeiterführung und -entwicklung. Nutzen Sie es ab jetzt! Der folgende Fragencheck hilft Ihnen bei der Planung.

Checkliste zur Planung und Umsetzung von Coaching

1. Welchen Nutzen bringt mir das Coaching meiner Mitarbeiter/ Kollegen?

2. Welches realistische Ziel für das Coaching meiner Mitarbeiter nehme ich mir vor?

3. Wann will ich mit dem Coaching beginnen?

4. Wann will ich meine Mitarbeiter über das Coaching informieren?

5. Was ist dafür vorzubereiten/zu organisieren?

6. Wer kann mich dabei unterstützen?

7. Wie oft kann ich regelmäßig coachen?

8. Was könnte es mir im Alltag erschweren, Coaching zu praktizieren?

_____

9. Was kann ich dafür tun, um es mir zu erleichtern?

_____

10. Was oder wen will ich zuerst coachen?

_____

11. Wo sind meine Stärken als Coach?

_____

12. Worauf will ich achten?

_____

13. Womit belohne ich mich nach meinem ersten Coaching?

_____

Seien Sie mutig und fangen Sie an, denn auch die längste Reise beginnt mit dem berühmten ersten Schritt. Setzen Sie all Ihr Können (Kräfte) ein, und eröffnen Sie sich und Ihren Mitarbeitern neue Perspektiven und Erfolgschancen.

Das Schloss

Ein König stellte für einen wichtigen Posten den Hofstaat auf die Probe. Kräftige und weise Männer umstanden ihn in großer Menge. „Ihr weisen Männer", sprach der König, „ich habe ein Problem, und ich möchte sehen, wer von euch in der Lage ist, dieses Problem zu lösen." Er führte die Anwesenden zu einem riesengroßen Türschloss, so groß, wie es keiner je gesehen hatte. Der König erklärte: „Hier seht ihr das größte und schwerste Schloss, das es in meinem Reich je gab. Wer von euch ist in der Lage, das Schloss zu öffnen?" Ein Teil der Höflinge schüttelte nur verneinend den Kopf. Einige, die zu den Weisen zählten, schauten sich das Schloss näher an, gaben aber zu, sie könnte es nicht schaffen. Als die Weisen dies gesagt hatten, war sich auch der Rest des Hofstaates einig, dieses Problem sei zu schwer, als dass sie es lösen könnten. Nur ein Wesir ging an das Schloss heran. Er

156

untersuchte es mit Blicken und Fingern, versuchte, es auf die verschie-
densten Weisen zu bewegen, und zog schließlich mit einem Ruck da-
ran. Und siehe, das Schloss öffnete sich. Das Schloss war nur ange-
lehnt gewesen, nicht ganz zugeschnappt, und es bedurfte nichts weiter
als des Mutes und der Bereitschaft, dies zu begreifen und beherzt zu
handeln. Der König sprach: „Du wirst die Stelle am Hof erhalten,
denn du verlässt dich nicht nur auf das, was du siehst oder was du
hörst, sondern setzt selbst deine eigenen Kräfte ein und wagst eine
Probe." (Lasko, 1996, S. 78)

Nachwort

„Wann, wenn nicht jetzt?"
„Wer, wenn nicht ich?"

Sie wissen nun, wann, wozu, wie und was Sie coachen können, Sie kennen die Grenzen des Coaching und Ihre Verantwortung als Vertriebscoach. Die Lektüre dieses Buches sollte idealerweise mit einem entsprechenden Training gekoppelt sein, denn Sie brauchen für Ihr Coaching praktische Erfahrung, die sich am besten im geschützten Rahmen eines Seminars sammeln lässt. Die Ausbildung zum Vertriebscoach-HOT-Akademie® eignet sich dafür besonders, denn sie ist genau auf dieses Buch abgestimmt und bietet durch ihre Zertifizierung am Ende die Chance, Ihr Wissen und Ihre Coachingfähigkeit vor einem kompetenten Gremium von Proficoaches unter Beweis zu stellen. Für Sie ist dies die beruhigende Absicherung, mit „Brief und Siegel" coachen zu dürfen.

Viel Erfolg und Spaß wünschen Ihnen

Bettina v. Troschke und Bernhard Haas

Literaturverzeichnis

Bücher und Zeitschriftenartikel

BIERL, JOSEF: Balanceorientiertes Vertriebscoaching – Mit der systemischen Aufstellungsmethode mehr Erfolg für Finanzverkäufer. Wiesbaden 2006.

BIRKENBIHL, VERA F.: StoryPower. 2. Aufl., Landsberg am Lech 2001.

BLICKHAN, DANIELA; BLICKHAN, UND CLAUS: denken, Fühlen und Leben. Vom bewussten Wahrnehmen zum kreativen Handeln mit NLP. München, Landsberg am Lech 1994.

BOYETT, JOSEPH H.; BOYETT, JIMMIE T.: Management Guide – Die Top-Ideen der Management-Gurus. München 1999.

CARUSO, DAVID R.; SALOVEY, PETER: Managen mit emotionaler Kompetenz. Frankfurt am Main 2005.

DE HAAN, ERIK: Relational Coaching: Journeys Towards Mastering One to One Learning. Chichester 2008.

FISCHER, RON (Hrsg.): Also sprach Mulla Nasrudin. München 1993.

GAMS, MICHAEL: Coaching – So führen Sie Verkäufer zum Erfolg. München, Zürich, Dallas 1998.

GEYER, GÜNTHER: Das Beratungs- und Verkaufsgespräch in Banken – Mehr Erfolg durch aktiven Verkauf. 7. Aufl. Wiesbaden 2003.

GOLEMAN, DANIEL: Emotionale Intelligenz. München, Wien 1996.

HAAS, BERNHARD; VON TROSCHKE, BETTINA: Beschwerdemanagement – Aus Beschwerden Verkaufserfolge machen. Offenbach 2007.

159

HAAS, BERNHARD: Heute die Erfolge von morgen sichern. In: Macher – Das regionale Wirtschaftmagazin. 2/2005. S. 36.

HAAS, BERNHARD: So verkaufen Sie komplexe Güter. In: acquisa 11/2003, S. 48.

HANSER, PETER: Nicht mehr, sondern sinnvoller kaufen. In: absatzwirtschaft 2/2006, S. 31–34.

HERNDL, KARL: Führen im Vertrieb: So unterstützen Sie Ihre Mitarbeiter direkt und konsequent. Wiesbaden 2005.

KLEIN, STEFAN: Die Glücksformel. Oder wie die guten Gefühle entstehen. Reinbek 2002.

KOCH, HERMANN; HILGENSTOCK, RALF; BRÖCKMANN, HARTMUT: Vertriebscoaching. Düsseldorf, Berlin 2001.

KRAFT, PETER B.: NLP-Handbuch für Anwender. NLP aus der Praxis für die Praxis. Paderborn 1998.

KÜNZLI, HANSJÖRG: Wirksamkeitsforschung im Führungskräftecoaching. In: Eric D. Lippmann (Hrsg.). Coaching – Angewandte Psychologie für die Beratungspraxis. Heidelberg S. 280 –294, 2006.

LASKO, WOLF W.: Dream Teams. 110 Stories für erfolgreiches Team-Coaching. Wiesbaden 1996.

LUFT, JOSEPH: Einführung in die Gruppendynamik. Stuttgart 1971.

MIGGE, BJÖRN: Handbuch Coaching und Beratung: Wirkungsvolle Modelle, kommentierte Falldarstellungen, zahlreiche Übungen. Weinheim 2007.

MOHL, ALEXA: Metaphern-Lernbuch. Geschichten und Anleitungen aus der Zauberwerkstatt. Paderborn 1998.

NELSON, PORTIA: There's a Hole in My Sidewalk. Hillsbop 1994.

NIESWANDT, MARTINA; GESCHWILL, ROLAND: Durch Coaching erfolgreich verkaufen – Aus dem Seminarraum in den Alltag. Mannheim 2002.

RAUEN, CHRISTOPHER (Hrsg.): Handbuch Coaching. 3. Auflage. Göttingen 2005.

Rosen, Sidney (Hrsg.): Die Lehrgeschichten von Milton H. Erickson. 2. Auflage. Hamburg 1990.

Rückle, Horst: Coaching. Düsseldorf, Wien, New York, Moskau 1992.

Schmitt, Eric-Emmanuel: Monsieur Ibrahim und die Blumen des Koran. Frankfurt am Main 2004.

Schmidt-Tanger, Martina: Veränderungscoaching – Kompetent verändern. Paderborn 1998.

Schumann, Karin von: Einblick in die Evaluation – Qualitätsmanagement im Coaching. In: managerSeminare, Beilage zum Heft 124, Juli 2008, S. 10–14.

Schwäbisch, Lutz; Siems, Martin: Anleitung zum sozialen Lernen für Paare, Gruppen und Erzieher. Hamburg 1992.

Sprenger, Reinhard K.: Vertrauen führt. Worauf es im Unternehmen wirklich ankommt. 2. Auflage,. Frankfurt am Main 2002.

Trenkle, Bernhard: Das Ha-Handbuch der Psychotherapie. Witze – ganz im Ernst, 4. Auflage Heidelberg 1999.

Troschke, Bettina von: Auf Augenhöhe. In: Personal, Jahrgang 57, 09/2005, S. 28–30.

Troschke, Bettina von: Grenzen des Coaching durch Führungskräfte. In: Personal, Jahrgang 53, 09/2001, S. 502–504.

Ückermann, Dieter: Verkäufer-Coaching – die Führungskraft als Coach. Bad Salzuflen 2004.

Whitmore, John: Coaching für die Praxis. 2. Aufl. Frankfurt am Main 1995.

Glossar der wichtigsten Begriffe

Aftersales: Alle Tätigkeiten und Aufgaben, die nach dem eigentlichen Verkauf liegen, also Aktivitäten nach dem Verkauf eines Produkts oder einer Dienstleistung an den Kunden (vgl. auch Postsales).

Business Process Reengineering = Geschäftsprozessneugestaltung wurde 1993 von Henry Johansson geprägt. Im Gegensatz zur Geschäftsprozessoptimierung, bei der nur einzelne Geschäftsprozesse effektiver gestaltet werden, findet hier ein grundlegendes Überdenken des Unternehmens und seiner Geschäftsprozesse statt.

Business-to-Consumer (B2C oder BtC): Hier geht es um Kommunikations- und Handelsbeziehungen zwischen Unternehmen und Privatpersonen (Konsumenten), im Gegensatz zu Kommunikationsbeziehungen zu anderen Unternehmen oder Behörden. Man spricht in diesem Zusammenhang auch vom „B2B-Bereich".

Coaching: Mit Coaching oder auch **Begleitung (Leithilfe)** sind in einer allgemeinen Umschreibung alle Konzepte gemeint, die in professioneller Form individuelle Beratung im beruflichen Kontext anbieten. Coaching findet im Spannungsfeld zwischen der beruflichen und privaten Rolle einer Person (Coachee) statt. Mit dem Fokus auf die Persönlichkeit stärkt es in beruflichen Entwicklungsprozessen die Fähigkeit des Coachee zur Selbststeuerung. Im Sinne der „Hilfe zur Selbsthilfe" werden im Coaching unter anderem verdeckte Ressourcen erkannt, benannt und damit nutzbar gemacht. Coaching ist die – überwiegend – arbeitsbezogene Selbstreflexion.

Cross-Buying meint Zusatzkäufe, die ein Kunde bei einem Anbieter tätigt. Wenn der Kunde mit einem Produkt oder einer Dienstleistung eines Unternehmens zufrieden ist, wird er es in Erwägung ziehen, weitere Produkte aus dem Leistungsprogramm der Firma zu kaufen.

Cross-Selling: auch „Überkreuzverkauf" genannt. Dieser Begriff bezeichnet im Marketing den Verkauf ergänzender Produkte oder Dienstleistungen. Es handelt sich letztendlich um die Fähigkeit eines Verkäufers, eine „Verbindung" zwischen dem verkauften Produkt und weiteren Produkten des Unternehmens herzustellen. (vgl. Upselling).

Customer Relationship Management (CRM) bedeutet das Management der Kundenbeziehung. Alle Informationen über den Kunden, vom Angebot bis zur Installation und Rechnungsstellung, Schlüsselpersonen etc. werden firmenweit zusammengeführt. Hier geht es vor allem darum, Daten und Informationen über Kunden zu sammeln, systematisch abzulegen und im Prozess der Kundenpflege bzw. Kundenbeziehung zu nutzen.

Emotionale Intelligenz (EQ): Die emotionale Intelligenz oder emotionale Kompetenz ist die Fähigkeit, mit eigenen und fremden Gefühlen umzugehen, sie im konkreten Kontext richtig zu bewerten und so Konflikte und Stress zu vermeiden. Dieses aktive Vermögen bildet das Pendant zur rationalen Intelligenz (IQ).

Empathie bezeichnet die Fähigkeit des Einfühlens, das Einfühlungsvermögen. Dies ist nicht zu verwechseln mit einem zustimmenden Verständnis, mit dem die Mitarbeiter auf die vom Kunden geschilderte Situation eingehen können.

Feedback ist eine Rückmeldung an eine Person über deren Verhalten und wie dieses von anderen wahrgenommen, verstanden und erlebt wird. Solche Rückmeldungen finden im Kontakt mit anderen ständig statt, bewusst oder unbewusst, spontan oder erbeten, in Worten oder körpersprachlich. Um diese Vorgänge deutlich zu machen und zu üben und um die Selbst- und Fremdwahrnehmung zu verbessern, wird Feedback im Vertriebscoaching gezielt eingesetzt.

Frustrationstoleranz ist die individuelle Fähigkeit, Enttäuschungen zu kompensieren oder Bedürfnisse aufzuschieben, ohne dabei in Aggression oder Depression zu verfallen.

Kontinuierlicher Verbesserungs-Prozess (KVP) bedeutet stetige Verbesserung der Produkt-, Prozess- und Servicequalität. Dies geschieht in kleinen Schritten (im Gegensatz zu sprunghaften einschneidenden Veränderungen). KVP ist ein Grundprinzip im Qualitätsmanagement und unverzichtbarer Bestandteil der ISO 9001. Im Vordergrund stehen dabei Kundenorientierung und Qualität der Produkte.

Kunde ist jeder Mensch, der Interesse an den Produkten oder Dienstleistungen eines Unternehmens beziehungsweise an deren potenzieller Nutzung hat.

Kundenorientierung: Hier geht es um die Hinwendung und Ausrichtung eines Unternehmens zum Kunden. Eine fehlende Orientierung an den Kundenwünschen kann den Umsatz mindern. Die Ursachen einer mangelnden Kundenorientierung liegen häufig in der Kultur, der Struktur oder den Prozessen eines Unternehmens.

Kundenservice beinhaltet alle Maßnahmen zur Befriedigung von Kundenwünschen, die über die Hauptleistung hinausgehen. Ein spezifischer Kundenservice kann vor oder nach dem Kauf angeboten werden.

Kundenzufriedenheit ist das Verhältnis von Kundenerwartung zu Bedürfnisbefriedigung. Die Kundenzufriedenheit liegt dann vor, wenn der Kunde sowohl seine selbstverständlichen Erwartungen wie auch seine ausdrücklich geäußerten Wünsche als erfüllt betrachtet.

Lernende Organisation (LO) bezeichnet eine anpassungsfähige, auf äußere und innere Reize reagierende Organisation. Der Begriff wird in der Organisationsentwicklung (OE) verwendet. Eine lernende Organisation ist idealerweise ein System, das sich ständig in Bewegung befindet. Ereignisse werden als Anregung aufgefasst und für Entwicklungsprozesse genutzt, um die Wissensbasis und Handlungsspielräume an die neuen Erfordernisse anzupassen. Zugrunde liegt eine offene und von Individualität geprägte Organisation, die ein innovatives Lösen von Problemen erlaubt und unterstützt.

Metamodell: Ein Modell beschreibt Daten oder Eindrücke. Eine Landkarte beschreibt einen Ausschnitt aus dem Gebiet. Metamodelle beschreiben nicht Daten oder Eindrücke, sondern Strukturen der Modelle dieser Daten. Sie beschreiben nicht das Gebiet, sondern die Landkarte oder die „Landkarte der Landkarte". Mit einem Metamodell wird die Form eines Modells beschrieben. Ein Metamodell ist eine zweite Beschreibungsebene, die sich auf die erste bezieht. Von Bandler und Grinder entwickeltes Modell der Sprache, das es erlaubt, Aussagen auf darüberliegende Denkmuster und Einstellungen (Metaebene) zu hinterfragen.

Multistabile Wahrnehmung: Gestaltwechsel oder Wahrnehmungswechsel charakterisiert ein im Alltag seltenes Phänomen spontan wechselnder Interpretationen eines Perzeptes. Unvorhersagbare und willentlich nicht vermeidbare „Wechsel" der Wahrnehmung treten vor allem beim Betrachten visueller Illusionen auf, die mehr als eine Art von Reizinterpretation zulassen (sogenannte Kippfiguren). Entweder ändert sich beim Auffassungswechsel die Bedeutung eines Bildes (indem man etwa abwechselnd eine junge Frau oder eine ältere Frau vor sich sieht) oder der Tiefeneindruck oder andere Aspekte wie die Bewegungsrichtung mancher dynamischer Reizmuster. Kippfiguren sind verwandt mit Vexierbildern, bei denen die Aufgabe ist, ein bestimmtes Objekt in einem Bild zu suchen.

Neurolinguistisches Programmieren (NLP) gilt als bedeutsames psychologisches Konzept für Kommunikation und Veränderung, das heute ganz besonders von den Menschen nachgefragt und genutzt wird, die beruflich mit Kommunikation zu tun haben.

Postsales: Aktivitäten in der Phase nach dem Verkauf eines Produkts oder einer Dienstleistung an den Kunden (vgl. Presales).

Presales beschreibt alle Tätigkeiten und Aufgaben, die vor der eigentlichen Verkaufsphase auftretenliegen (vgl. auch Aftersales).

Reaktionsfähigkeit: An der Reaktionsfähigkeit des Coachees zeigt sich, ob er die Wünsche seines Kunden verstanden hat und wie kompetent und schnell er darauf eingehen kann – etwa mit Lösungsvorschlägen.

Ressourcen: Eine Ressource ist ein Mittel, eine Handlung zu tätigen oder einen Vorgang ablaufen zu lassen. Eine Ressource kann ein materielles oder immaterielles Gut sein.

Return on Investment (ROI): Der ROI (deutsch: Kapitalrendite) misst die Rendite des eingesetzten Kapitals.

Soziale Kompetenz bezeichnet den Komplex all der persönlichen Fähigkeiten und Einstellungen, die dazu beitragen, das eigene Verhalten von einer individuellen auf eine gemeinschaftliche Handlungsorientierung hin auszurichten. „Sozial kompetentes" Verhalten verknüpft die individuellen Handlungsziele von Personen mit den Einstellungen und Werten einer Gruppe.

Stress (engl.: Druck, Anspannung) bezeichnet zum einen durch spezifische äußere Reize (Stressoren) hervorgerufene psychische und physiologische Reaktionen bei Tieren und Menschen, die zur Bewältigung besonderer Anforderungen befähigen und zum anderen die dadurch entstehende körperliche und geistige Belastung.

Stuck State: Stuck bedeutet festfahren, haken, hängen bleiben, stecken bleiben. Im NLP meint Stuck State einen Zustand, in dem man keinen oder nur eingeschränkten Zugang zu seinen Ressourcen hat. In diesem Zustand sind Menschen unflexibel, blockiert und können keinen klaren Gedanken fassen.

Total Quality Management (TQM) wird bisweilen auch als „umfassendes Qualitätsmanagement" bezeichnet. Gemeint ist die durchgängige, fortwährende und alle Bereiche einer Organisation (Unternehmen, Institution etc.) erfassende aufzeichnende, sichtende, organisierende und kontrollierende Tätigkeit, die dazu dient, Qualität als Systemziel einzuführen und dauerhaft zu garantieren. TQM benötigt die volle Unterstützung aller Mitarbeiter, um zum Erfolg zu führen, wenn es erfolgreich sein soll.

Upselling bezeichnet im Verkauf das Bestreben des Anbieters, dem Kunden statt einer günstigen Variante, im nächsten Schritt ein höherwertiges Produkt oder eine noch bessere Dienstleistung anzubieten. Dazu sollen dem Kunden durch plausible Argumente und insbesondere durch Produktvorführungen die Vorzüge der höheren Produkt- oder Dienstleistungskategorie nahegelegt werden.

Unternehmenskultur, auch als „Organisationskultur" bezeichnet. Der Begriff stammt aus der betriebswirtschaftlichen Organisationstheorie und beschreibt die Entstehung, Entwicklung und den Einfluss kultureller Aspekte innerhalb von Organisationen. Die jeweilige Unternehmenskultur wirkt auf alle Bereiche des Managements ein (Entscheidungsfindung, Beziehungen zu Kollegen, Kunden und Lieferanten, Kommunikation usw.). Jede Aktivität in einer Organisation ist durch ihre Kultur gefärbt und beeinflusst. Das Verständnis der Organisationskultur erlaubt es den Mitarbeitern, ihre Ziele besser zu verwirklichen, und den Außenstehenden, die Organisation besser zu verstehen.

Lösungsvorschläge zu den Übungen

Lösung zu Übung 1:

Vom Feedback (Monolog) zum Coaching (Dialog)

Feedback	Coaching
Mir ist aufgefallen ...	Was ist Ihnen aufgefallen?
Gut fand ich ...	Was ist Ihre Meinung über ...?
Mein Tipp ist ...	Was könnten Sie statt ... tun?
Versuchen Sie mal ...	Welche Alternativen kennen Sie noch?
Der Kunde sagte	Wissen Sie noch, was der Kunde an dieser Stelle sagte?

Lösungsvorschlag zur Übung 2:

Übung 2: Formulieren Sie folgende Du-Aussagen in Ich-Aussagen um:

Sie irren sich ... *Hier habe ich andere Informationen. Worauf gründet sich Ihre Ansicht?*

Sie haben mich völlig missverstanden ... *Ich habe mich hier missverständlich ausgedrückt.*

Sie können doch nicht ... *Hierzu habe ich andere Informationen. Worauf gründet sich Ihre Ansicht?*

Bitte bleiben Sie sachlich ... *Können Sie mir Ihre Idee konkret erläutern?*

Sie sind ein Perfektionist ... *Für mich muss es nicht so gründlich gemacht werden. Mir reicht auch ...*

Es gäbe noch viele ähnliche Antwortmöglichkeiten. Hier geht es uns um die Sensibilisierung für subjektive Wahrnehmung und die daraus möglicherweise entspringenden „Verletzungen" in der Kommunikation.

Lösungsvorschlag zur Übung 3:

Übung 3: Formulieren Sie folgende Aussagen in SMARTe Ziele um:

1. Ich will meine Kunden zu Beginn des Gesprächs mehr begeistern.

Ich werde mir für die nächsten zehn Kundengespräche einen motivierenden Gesprächseinstieg überlegen.

2. Da müsste man eigentlich mehr Sicherheit haben.

Auf dem Gebiet ... werde ich mir bis zum ... folgendes Wissen ... aneignen.

3. Weniger reden, mehr fragen.

Ich werde meine Ausführungen im Kundengespräch kürzer fassen und mindestens X Fragen stellen.

4. Keine Einwände unbeantwortet lassen.

Ich werde mir Notizen während des Gesprächs machen und auf Fragen und Sorgen meiner Kunden eingehen.

5. Nicht nervös werden vor dem Abschluss.

Ich werde ruhig und gelassen reagieren.

oder:

Ich werde den Abschluss bis zum ... professionell vorbereiten und im Kundengespräch gezielt anstreben.

Lösungsvorschlag zur Übung 4:

Entwickeln Sie Metamodell-Fragen zu folgenden Aussagen:

1. Das ist ein schwieriger Kunde.
Woran merken Sie, dass jemand ein schwieriger Kunde ist?

2. Ich verstehe nicht.
Was verstehen Sie nicht?

3. Wir haben die schlechteren Produkte.
Womit vergleichen Sie unsere Produkte?

4. Es ist einfach zu viel.
Was genau meinen Sie mit „zu viel"?

5. Immer hat er mich unterbrochen.
Wirklich immer?

6. Nie ließ sie mich ausreden.
Tatsächlich nie?

7. Keine Ahnung, was er eigentlich wollte.
Wie haben Sie versucht, es zu erfahren?

8. Ich fühle mich nicht wohl.
Was müsste passieren, damit Sie sich wohl fühlen?

9. Alle haben eine bessere technische Ausstattung als ich.
Mit wem vergleichen Sie Ihre Ausstattung? oder
Was fehlt Ihnen genau an technischer ...

10. Früher war alles einfacher.
Was genau verstehen Sie unter „einfacher"? In welcher Hinsicht?

Lösungsvorschlag zur Übung 5:

Welche Metaphern fallen Ihnen ein?

Bitte geben Sie mit einleuchtenden Metaphern aus dem Alltag einem Coacher Rückmeldung über sein Verhalten.

1. Wünsche des Kunden nicht erkannt

   Nehmen wir einmal an, Sie wollten einen Geländewagen kaufen und der Autoverkäufer bietet Ihnen – nachdem er Ihnen eine Weile zugehört hat – einen Sportwagen an. Wo lag der Fehler?

2. Nicht ausreden lassen

   Stellen Sie sich vor, Sie führen mit dem Handy im Auto ein Telefonat und kommen in mehrere Funklöcher.
   Was verstehen Sie dann noch?

3. Fachvortrag gehalten

   Nehmen wir mal an, Sie wollten zum Verstreichen von Marmelade, Honig oder Butter ein einfaches Frühstücksmesser kaufen. Der Verkäufer erklärt Ihnen dann allerdings, dass das nicht so einfach sei, denn man müsse da doch verschiedene Aspekte des Messers betrachten, wie zum Beispiel die Länge der Klinge, die Schärfe, den Schliff, die Form des Griffs usw., schließlich ist so ein Messer in falschen Händen ja auch gefährlich und unterliegt ebenfalls bestimmten Modetrends, die es zu beachten gilt etc., etc.
   Was würden Sie jetzt von dem Verkäufer denken?

4. Wenig Interesse am Kunden gezeigt

   Stellen Sie sich einmal vor, eine attraktive Frau in einer Disco versucht mit Ihnen zu tanzen oder auf der Tanzfläche mit Ihnen Kontakt aufzunehmen. Sie jedoch wenden sich ab oder lächeln einer anderen zu oder trinken genüsslich an Ihrem Bier weiter.
   Was wird die Frau von Ihnen denken?

5. Komplizierte Fachbegriffe benutzt

Stellen Sie sich mal vor, Sie wollen eine längeren Urlaub in China verbringen und besuchen deshalb eine Vorbereitungsveranstaltung des Reiseanbieters. Allerdings sprechen dort alle nur Chinesisch. Wie fühlen Sie sich?

Lösungsvorschlag zur Übung 6:

So nicht! – Was würden Sie sagen?

Suchen Sie für die folgenden Aussagen wertschätzende Formulierungen oder Fragen:

1. Warum haben Sie den Kunden niemals mit Namen angesprochen?

   Wie haben Sie den Kunden angesprochen?

2. Sie sollten nicht so viel reden, sondern lieber zuhören!

   Was genau wollte der Kunde, was haben Sie von ihm erfahren?

3. Vielleicht könnten Sie ja mal mehr offene Fragen stellen?

   Mit welchen Fragen erfährt man die wirklichen Wünsche und Vorstellungen der Kunden?

4. Ihre Schwächen in den Gesprächen lagen eindeutig bei der Einwandbehandlung!

   Welche Möglichkeiten der Einwandbehandlung kennen Sie?

5. Wenn Sie meinen Rat hören wollen, ...

   Welche Möglichkeiten gibt es noch?

6. Was haben Sie sich denn dabei gedacht, ihm keinen Servicevertrag anzubieten?

   Welche Gründe sprachen gegen das Angebot eines Servicevertrags?

---

7. Sie kennen doch unsere Ziele! – Diesem Stammkunden haben Sie viel zu wenig unsere verschiedenen Leistungen gezeigt!

   Welche Ziele haben wir? Was hinderte Sie daran, diesem Stammkunden auch unsere anderen Leistungen anzubieten?

---

8. Sie müssen unbedingt mehr den Nutzen verkaufen!

   Können Sie dem Kunden den Nutzen von ... vermitteln?

---

9. Aber Sie wissen doch, wie unsere Konditionen aussehen!

   Welche Konditionen haben Sie dem Kunden genannt?

---

10. Ihnen fehlt einfach der verkäuferische Biss, so werden Sie bei uns nicht weiterkommen.

    Was ist Ihnen als Verkäufer wichtig? Wie kann ich Sie dabei unterstützen, das umzusetzen?

Schatztruhe:
Musterdialog und Fragenpool

Dialog mit **Metamodell-Fragen**

Als Coach haben Sie ein Treffen mit einem Ihrer Coachees. Die Umsatzzahlen sind verbesserungsfähig. Sie möchten die Gründe erfahren und den Coachee unterstützen, die vorgegebenen Umsatzzahlen zu erreichen.

Das Gesprächsziel ist Ihnen beiden klar, Sie haben die Einleitung gemacht und das weitere Gespräch könnte so verlaufen:

Coachee: Diese Umsatzplanung ist einfach zu hoch. Das schaffe ich nicht!

Coach: Was meinen Sie mit zu hoch?

Coachee: Ich soll 120 Verträge in diesem Jahr verkaufen. Das macht 10 pro Monat. Jetzt haben wir Juli und ich habe erst 35 verkauft. Das Ziel schaffe ich nicht!

Coach: Was hindert Sie daran?

Coachee: Alle meine Kunden akzeptieren das Produkt einfach nicht!

Coach: Alle Ihre Kunden?

Coachee: Na ja, nicht alle, aber die meisten!

Coach: Wie viel sind die meisten? Wie viele kaufen denn schon?

Coachee: Also die Kunden A, B, C, D, E und F kaufen gut und G und H haben ebenfalls Verträge abgeschlossen, sie danach aber wieder storniert. Die Kunden I, J und K kaufen gar nicht.

Coach: Was ist bei den Kunden A–F anders als bei den übrigen?

Coachee: Mit denen kam ich sowieso schon immer besser zurecht. Die sind viel netter, da muss ich nichts lange erklären!

Coach:	Was meinen Sie mit lange erklären?
Coachee:	Na ja, wenn ich denen sage, dass das Produkt gut für sie ist, dann glauben sie mir das und bestellen. Schließlich kennen wir uns schon sehr viele Jahre. Die vertrauen mir und wissen was sie an mir haben!
Coach:	Verstehe ich Sie richtig: Bei den Kunden A–F brauchen Sie keine ausführlichen Informationen zu geben, wohingegen die Kunden G–K ausführliche Produktinformationen benötigen?
Coachee:	Ja, genau!
Coach:	Was hindert Sie daran, ausführliche Produktinformationen zu geben?
Coachee:	Ich bin unsicher!
Coach:	Was bedeutet unsicher?
Coachee:	Ich hab zu wenig Wissen!
Coach:	Wie stellen Sie sich vor, könnten Sie Ihre Wissenslücken beseitigen und sicherer werden?
Coachee:	Ich könnte das im Selbststudium aufarbeiten, ich könnte durch unseren Produktmanager noch mal geschult werden, ich könnte mit einem Kollegen mitfahren, ich könnte mit jemandem Argumentationstechniken üben!
Coach:	Welche von diesen Möglichkeiten wäre die beste für Sie?
Coachee:	Also eine extra Schulung durch unseren Produktmanager wäre sicher zu aufwendig. So grob weiß ich ja schon, worum es geht, mir fehlen einfach noch ein paar tiefer gehende Details und dann weiß ich bei Einwänden nicht, wie ich sie behandeln und was ich sagen soll. Aber wenn ich die Details alle weiß, dann komme ich sicher zurecht. Die Einwandbehandlung kriege ich dann auch allein hin. Falls notwendig, kann ich ja meinen Kollegen anrufen!
Coach:	Okay, was hindert Sie daran, die Unterlagen intensiv durchzuarbeiten?

Coachee:	Dazu brauche ich Zeit und die habe ich nicht!
Coach:	Was meinen Sie, wie viel Zeit Sie brauchen?
Coachee:	Einen ganzen zusammenhängenden Tag. Einen Tag, an dem ich nicht rausfahren muss!
Coach:	Meinen Sie wirklich, dass Sie sich einen ganzen Tag Produktwissen würden aneignen können; dass Sie acht Stunden hintereinander intensiv lernen können?
Coachee:	Nein, das wäre sicher zu viel. Zwei halbe Tage wäre besser!
Coach:	Okay, wenn Sie also zwei Tage nur den halben Besuchsschnitt erfüllen und die andere Hälfte der Tage lernen, dann wissen Sie alles über das Produkt und sind sicher in Ihrer Argumentation und Einwandbehandlung?
Coachee:	Ja, das würde mich wesentlich weiter bringen!
Coach:	Und dann können Sie Ihre Umsätze erreichen?
Coachee:	Ja, sicher!
Coach:	Okay, wann könnten Sie diese zwei halben Studiumstage einplanen?
Coachee:	Am tt.mm!
Coach:	Gut, genehmigt!
	Lassen Sie uns nun mal einen Blick in die Zukunft werfen: Sie haben Ihre Wissenslücken über das Produkt beseitigt, Sie kennen alle wichtigen Details, Sie sind sicher in der Argumentationstechnik und Einwandbehandlung. Welches weitere Vorgehen planen Sie dann für die verbleibenden fünf Monate um Ihren Umsatz zu erreichen?
Coachee:	Ich werde zuerst ..., dann ... und danach ...!
Coach:	Bestens, einverstanden!

(HOT-Manuskript „Coaching", S. 37 ff., Susanne Schwerdtfeger, 2004)

Fragenpool

1. Positive Einstimmung

▶ Wie fühlen Sie sich?

▶ Was bewegt Sie?

▶ Wie geht es Ihnen jetzt vor dem Termin?

2. Bei Erstgespräch: Vertrauen schaffen

▶ Welche Erwartungen/eventuellen Befürchtungen haben Sie an das heutige Coachinggespräch?

▶ Welche Fragen zum Coaching sind noch offen (bei Erstgesprächen)?

▶ Wie empfinden Sie die Situation, mich als Coach dabei zu haben?

▶ Wie sehen Sie meine Rolle als Coach?

Bei Folgespräch: Andocken an letztes Mal

▶ Was ist aus unseren Vereinbarungen geworden?

▶ Wie haben Sie xy umgesetzt?

▶ Welche Erfolgserlebnisse hatten Sie seit dem letzten Coaching?

▶ Was ist Ihnen bezüglich xy gelungen?

▶ Was ist Ihnen weniger gelungen?

3. Informationen zum Kunden

▶ Um welches Thema geht es?

▶ Wie kam es zu dem Termin?

▶ Wie haben Sie den Termin vereinbart?

▶ Um welche Art von Termin handelt es sich?

▶ Wie gut kennen Sie den Kunden?

- Was wissen Sie über den Kunden?
- Was möchten Sie erfahren?
- Wie wollen Sie das erreichen?
- Welche Vorbereitungen haben Sie für das Kundengespräch getroffen?
- Welche Unterlagen haben Sie vorbereitet?
- Welche Beratungshilfen möchten Sie einsetzen?
- Welche Ziele verfolgen Sie?
- Was haben Sie sich vorgenommen?
- Wie soll das Gespräch im Idealfall verlaufen?
- Welche schwierigen Situationen erwarten Sie?
- Welche Alternative in der Zielerreichung können Sie sich noch vorstellen?
- Wie leiten Sie das Gespräch ein?
- Wie wollen Sie vorgehen?
- Mit welchen Einwänden rechnen Sie?
- Was sind Ihre Hauptargumente?
- Wie wollen Sie zum Abschluss kommen?

4. Ziele und Beobachtungsschwerpunkte

- Worauf soll ich als Coach besonders achten?
- Welche Punkte sind Ihnen besonders wichtig?
- Welche Wünsche/Erwartungen haben Sie an mich?
- Wie kann ich Sie außerdem unterstützen?
- Welche Fragen haben Sie noch an mich?
- Wie wollen Sie mich vorstellen?

1. **Selbstanalyse des Mitarbeiters**
▶ Wie haben Sie das Gespräch empfunden?
▶ Welches Resümee ziehen Sie?
▶ Wenn Sie das Gespräch Revue passieren lassen, wie war es für Sie?
▶ Was ist Ihnen gut gelungen?
▶ Was empfanden Sie als sehr gut?
▶ In welcher Situation fühlten Sie sich besonders gut?
▶ Was war weniger gut?
▶ Was ist verbesserungsfähig?
▶ Was wollen Sie optimieren?
▶ Was würden Sie beim nächsten Mal anders machen?
▶ Wie zufrieden sind Sie mit Ihrer Zielerreichung?

2. **Gemeinsame Analyse**
▶ Welche Ziele haben Sie erreicht?
▶ Welche nicht erreicht?
▶ Woran lag es?
▶ Wie schätzen Sie sich selbst in Bezug auf die Beobachtungsschwerpunkte ein?

3. **Fragen zu den einzelnen Phasen der Verkaufsgesprächs**
▶ Wie empfanden Sie den Einstieg?
▶ Welche Informationen haben Sie vom Kunden erhalten?
▶ Wie haben Sie diese genutzt/umgesetzt?
▶ Welche Informationen sind noch offen?
▶ Wie haben Sie dem Kunden seinen Nutzen vermittelt?
▶ Wie sind Sie mit Einwänden umgegangen?

- Welche Kaufsignale haben Sie wahrgenommen?
- Wie war die Abschlussphase?
- Wie beurteilen Sie das Ergebnis des Gesprächs?
- Was ist im Nachgang des Gesprächs noch zu tun?

4. Fragen zur fachlichen und kommunikativen Kompetenz

- Wie wirkt ... Ihrer Meinung nach auf den Kunden?
- Welche Ziele haben Sie damit verfolgt?
- Wie hat der Kunde reagiert?
- Wie reagierten Sie auf ...?
- Was sagte er, als Sie ...?
- Wie beantworteten Sie die Frage nach ...?
- Wie wirkt das auf Sie im Nachhinein?
- Welche Argumentation gefällt Ihnen besser?
- Wie können Sie die Situation besser lösen?
- Welche konkreten Lösungen fallen Ihnen zu ... ein?
- Welche Alternativen gibt es?
- Was hat Ihnen besonders geholfen?
- Welche Verkaufshilfe können Sie zusätzlich nutzen?

5. Fragen über Vereinbarung/Abschluss

- Welche Quintessenz/welches Fazit ziehen Sie?
- Was nehmen Sie aus unserem Coaching mit?
- Was nehmen Sie jetzt konkret vor?
- Was sind Ihre nächsten Schritte?
- Was setzen Sie bis wann um?
- Welche Ziele haben Sie für das Folgegespräch mit diesem Kunden?
- Welche Ziele haben Sie für das Folgegespräch mit mir?

- ▶ Welche konkreten Vereinbarungen treffen wir?
- ▶ Was sind Ihre To-Do's?
- ▶ Wie haben Sie das Coaching empfunden?
- ▶ Welche Unterstützung kann ich Ihnen geben?
- ▶ Wer oder was kann Ihnen bei Ihren Maßnahmen helfen?
- ▶ Wann führen wir unser nächstes Coaching durch?
- ▶ Zu welchem Thema?
- ▶ Wie sehen die nächsten Coachingschritte aus?

Dieser Fragenpool ist voller möglicher Fragen. Wählen Sie die für Sie sinnvollsten und passendsten aus!

Die Autoren

Bettina von Troschke (M.A.) und Bernhard Haas (Dipl.-Ing.) sind Geschäftsführer der HOT-Akademie für Führungskräfte GbR. Beide waren lange Zeit erfolgreich in multinationalen Unternehmen im Vertrieb und Management tätig. Seit 15 Jahren arbeiten sie als Trainer, Berater und Coaches mit ihrem qualifizierten Team in den Schwerpunkten Vertriebscoaching, Individualcoaching, Beschwerdemanagement, Führung und Gestaltung von Veränderungsprozessen.

Sie sind Autoren des Buches „Beschwerdemanagement – Aus Beschwerden Verkaufserfolge machen", Offenbach 2007. Daneben liegen zahlreiche Veröffentlichungen in Fachzeitschriften über Coaching, Führung, Verkauf und Personalentwicklung vor.

Die HOT-Akademie® für Führungskräfte GbR ist seit 1993 eine der führenden Unternehmensberatungen im Bereich Beratung, Training und Coaching. Dahinter steht ein Team von zwölf praxiserfahrenen und interdisziplinär ausgebildeten Beratern und Coaches. Schwerpunktthemen sind Coaching, Vertrieb, Beschwerdemanagement, Führung, Teamentwicklung, Organisationsentwicklung (Change-Management).

Kontakt zu den Autoren:
HOT-Akademie für Führungskräfte GbR
Emdener Weg 6, 63454 Hanau
Fon: 0 61 81-30 49 89 0,
service@hot-akademie.de
www.hot-akademie.de

Marketing für erfolgreiche Unternehmen

Markenaufbau und -stärkung mit kleinem Budget – eine systematische Anleitung für Mittelständler

Marke ist kein Mythos, sondern basiert auf konkreten Leistungen, die gezielt gesteuert werden können - genau wie jeder andere Unternehmensbereich auch. Voraussetzung ist eine sorgfältige Analyse des eigenen Portfolios und eine Überprüfung der eigenen Leistungsmerkmale und ihrer Außenwirkung. Anhand zahlreicher Praxisbeispiele - von der Müllabfuhr bis zum Strandkorbhersteller - erklären die Autoren, was konkret bei der Ausarbeitung einer Strategie zu beachten ist und welche typischen Handlungsfelder sich ableiten lassen.

Arnd Jürgen Zschiesche | Oliver Carlo Errichiello
Markenkraft im Mittelstand
Was Manager von Schwarzenegger und dem Papst lernen können
2008. Ca. 192 S. Mit 50 Abb.
Geb. Ca. EUR 39,90
ISBN 978-3-8349-1061-5

Die praktische Gebrauchsanweisung für alle, die neue Produkte einführen

Dieses Buch liefert erstmals eine systematische Gebrauchsanweisung, die den Marketingverantwortlichen Schritt für Schritt zeigt, wie sie die gezielte Suche nach neuen Produktideen, deren thematische Entwicklung und die planvolle Einführung gekonnt organisieren und steuern. Konkrete Beispiele und Checklisten erleichtern die Umsetzung in die eigene Praxis.

Rainer H.G. Großklaus
Neue Produkte einführen
Von der Idee zum Markterfolg
2008. 248 S. Mit 98 Abb. Br.
EUR 46,00
ISBN 978-3-8349-0499-7

Alles, was Sie über erfolgreichen Markenaufbau im Tourismus wissen müssen

Adjouri und Büttner schildern eingehend und praxisnah, welche Strategien Marken im Bereich Tourismus verfolgen. Anhand von zahlreichen Praxisbeispielen zeigen sie anschaulich, wie erfolgreiche Marken im Tourismus arbeiten. Der Leser bekommt einen Leitfaden an die Hand, der ihm hilft, selbst eine erfolgreiche Markenstrategie im Tourismus zu entwickeln und umzusetzen.

Nicholas Adjouri | Tobias Büttner
Marken auf Reisen
Erfolgsstrategien für Marken im Tourismus
2008. 283 S. Geb.
EUR 46,00
ISBN 978-3-8349-0581-9

Änderungen vorbehalten. Stand: Juli 2008.
Erhältlich im Buchhandel oder beim Verlag.
Gabler Verlag . Abraham-Lincoln-Str. 46 . 65189 Wiesbaden . www.gabler.de

GABLER

Für Ihren Verkaufserfolg

Mit kreativen Akquisitionswegen
sofort mehr Umsatz

Die Verkäufer-Basics von heute – das Buch vermittelt moderne und kreative Akquisitionswege und liefert zahlreiche Tipps für die tägliche Umsetzung. Neu in der 2. Auflage: Neue Tipps zur sofortigen Steigerung des Akquisitionserfolgs und ein Ausblick auf das Akquisegeschäft von morgen.

Ardeschyr Hagmaier
Heute akquirieren –
sofort profitieren
Systematisch neue Kunden
und Aufträge gewinnen
2., erw. Aufl. 2008. Ca. 192 S.
Br. Ca. EUR 28,90
ISBN 978-3-8349-0952-7

Mehr Kunden, mehr Abschlüsse und
mehr Umsatz im Lösungsvertrieb

Im IT- und Telekommunikations-Vertrieb wie auch im Vertrieb anderer komplexer Produkte und Lösungen gelten besondere Anforderungen an den Verkäufer. Die Autoren liefern 30 aufeinander aufbauende Schritte für den erfolgreichen Vertriebsprozess im System- und Lösungsvertrieb. Der Leser erfährt, wie man den Zielmarkt richtig bestimmt, ein Verkaufsgespräch geschickt führt, ein Angebot aufbaut, was bei einer Präsentation zu beachten ist und vieles mehr. Mit praktischen Beispielen, Schaubildern und Checklisten.

Robert Klimke | Manfred Faber
Erfolgreicher Lösungsvertrieb
Komplexe Produkte verkaufen:
in 30 Schritten zum Abschluss
2008. 169 S. Mit 35 Abb.
Br. EUR 29,90
ISBN 978-3-8349-0649-6

Drehbuch für erfolgreiche
Führungsgespräche im Vertrieb

Das 15-Minuten-Zielgespräch ist eine Methode, mit der es gelingt, Führungsgespräche im Vertrieb effizient und knackig zu gestalten. Anhand verschiedener Gesprächssituationen wird gezeigt, welche Fragen in welchen Situationen am schnellsten zum Kern der Sache führen. Die Beispiele sind so detailliert beschrieben, dass der Leser die Texte wie ein Drehbuch für die Durchführung seiner eigenen Führungsgespräche verwenden kann.

Karl Herndl
Das 15-Minuten-Zielgespräch
Wie Sie Ihre Verkäufer zu Spitzenleistungen bringen
2008. 184 S.
Br. EUR 26,00
ISBN 978-3-8349-0984-8

Änderungen vorbehalten. Stand: Juli 2008.
Erhältlich im Buchhandel oder beim Verlag.
Gabler Verlag . Abraham-Lincoln-Str. 46 . 65189 Wiesbaden . www.gabler.de

GABLER

Erfolgreiches Call-Center-Management

Die wichtigsten Call-Center-Begriffe von A bis Z

Rund um Call Center und Kundenservice hat sich eine Vielzahl neuer Begriffe in den Bereichen Organisation, Management, Technik und Praxis entwickelt. Das „Call Center Lexikon" liefert eine umfassende Übersicht über die gebräuchlichsten Begriffe und erklärt diese kurz und verständlich. Die alphabetische Gliederung ermöglicht eine schnelle Orientierung. Eine wertvolle Arbeitshilfe, die auf den Schreibtisch jedes Call-Center-Managers und -Mitarbeiters gehört!.

Simone Fojut
Call Center Lexikon
Die wichtigsten Fachbegriffe der Branche verständlich erklärt
2008. 195 S. Geb.
EUR 36,00
ISBN 978-3-8349-0594-9

Mit einem schlagkräftigen Innendienst die Erträge steigern

Ein starker Innendienst, auf den sich die Verkäufer hundertprozentig verlassen können, ist ein entscheidender Faktor für den unternehmerischen Erfolg. Wie aber kann sich der einst eher passive Innendienst von der Auftragsabwicklungs-Abteilung zur aktiven Service- und Verkaufszentrale entwickeln? Die Autoren beschreiben nachvollziehbar und anschaulich, wie es Unternehmen gelingt, ihren Innendienst zu einem verkaufs- und kundenorientierten Dienstleister für den Vertrieb umzustrukturieren.

Helga Schuler | Stephan Haller
Der neue Innendienst
Mehr Vertriebsproduktivität durch die interne Service-Firma (ISF)
2008. 171 S. Mit 38 Abb. Geb.
EUR 39,90
ISBN 978-3-8349-0579-6

Professionell telefonieren, kommunizieren und verkaufen

Ratgeber für Verkäufer und Call Center Agents: von der Gesprächsvorbereitung über die Gesprächseröffnung, das Kerngespräch und den Gesprächsabschluss bis hin zur Nachbereitung. Die Leser lernen Techniken kennen, die sie sofort in ihrer täglichen Telefonverkaufspraxis umsetzen können. Extra: exemplarische Telefonskripten und Mustergespräche. Wertvolle Tipps für alle, die ihr Gegenüber am Telefon noch besser überzeugen wollen.

Lothar Stempfle |
Ricarda Zartmann
Aktiv verkaufen am Telefon
Interessenten gewinnen - Kunden überzeugen - Abschlüsse erzielen
2008. 188 S.
Br. EUR 24,90
ISBN 978-3-8349-0555-0

Änderungen vorbehalten. Stand: Juli 2008.
Erhältlich im Buchhandel oder beim Verlag.
Gabler Verlag . Abraham-Lincoln-Str. 46 . 65189 Wiesbaden . www.gabler.de